THE FASHION MAKE-UP OF VENUS

女神的新妆

吴忧 著

上海社会科学院出版社
Shanghai Academy of Social Sciences Press

Make-up's preview

CONTENTS

写在最前面的话

Q：怎么会开始从事美妆行业的？

A：小时候去沙龙照相的时候，第一次发现原来不同的色彩、妆容和造型可以完全改变一个人的形象。我是学油画的，对色彩和美学都很敏感，所以开始对化妆造型产生了浓厚的兴趣。于是，我开始先在沙龙里做免费的摄影模特，利用假期跟着化妆师做兼职，慢慢学习化妆技巧。越深入越发现自己很热爱这份把人变美的工作，因此毕业后就选择成为了一名造型师。

Q：如何看待美妆？

A：世界上没有丑女人，只有懒女人，妆容和造型真的可以全面提升女性的容貌和气质。我希望能够通过美妆带给每一位女生自信，让她们认识到全新的自己，甚至希望大家可以通过美妆来改变自己的命运。

Q：出书的缘由？

A：今年是我出道的第 13 年，有很多心意和感悟想要传达给身边的朋友、学生以及喜欢我节目的观众朋友们。这本书里收录了很多美妆技巧和造型方法，我希望大家能够通过这本书学习如何将自己变得更美、更自信。可能第一本书里能够收入的内容有限，我希望有机会可以通过第二本、第三本来带给大家更多的美妆方法，以及精致的生活理念，让每个女生都可以找到自己最美的那一面。

Q：书名的寓意？

A：我觉得所有的女生都应该活在当下，大胆尝试各种流行、新奇、好玩的事物，把每一天都过得很精彩。这本书里面请了当红的女神来演绎各种不同的妆容，我希望大家可以把每一款妆容都尝试化一下，找到最适合自己的。其实，变美并不需要通过手术，利用美妆你就可以“秒变”女神。

Q：出书过程中最感动的事情？

A：最让我感动的是大家对我的支持。出书过程中，不管是模特、摄影师，还是工作人员、我的徒弟们，大家都赶来帮忙，拍摄过程常常一拍就是十几个小时，大家也都丝毫没有怨言，无私地来帮助我完成自己的梦想。书中的模特都是现在非常红的女神，也是我多年的朋友；而我的徒弟之中，不管是多有资历的老师，也都无偿来帮忙拍摄，一切一切，真的非常感谢大家！

Q：想对所有女生说的话？

A：美妆是一件有趣又好玩的事情，我希望所有的女生都可以被我的这本书影响到，保持乐观、自信的心态，通过美妆让自己变成女神！

Wuyou's make-ups

女神演绎最流行的16款妆面

宛若零妆

EYEBROW 眉毛

用接近发色的深棕色眉笔勾勒出平眉轮廓，再用眉刷轻轻刷扫，晕染出自然的眉形及颜色。

a

EYESHADOW 眼影

d

用大地色系的四色眼影中最浅的两色，层叠晕染涂抹，既可以提亮眼部肌肤，又能打造出柔和的深邃感。

BASE 底妆

b

如同“亲吻”一般将气垫 BB 霜细腻的质地轻压在肌肤上，打造出如同素颜一般的清透好肤色。

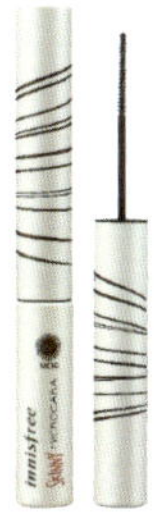

EYELASH 睫毛

e

以棕色睫毛膏刷扫睫毛，纤细小巧的刷头能细致全面地涂抹每根睫毛，打造自然的眉眼妆容。

CHEEK 腮红

c d

先用裸粉色腮红在面颊两侧打底，再用粉嫩的樱花色叠加在颧骨部位，营造出健康的好气色。

LIP 唇膏

f

润唇膏滋润双唇后，用淡粉色唇膏涂抹整个唇部，打造若有似无的心机唇色。

a.innisfree 悦诗风吟生机自动眉笔 #4 深棕色　b.innisfree 悦诗风吟水感光透气垫粉凝霜 SPF30+ PA+++　c.innisfree 悦诗风吟矿物质纯安美颊蜜粉饼 #4 害羞的樱花　d.innisfree 悦诗风吟矿物质纯安美颊蜜粉饼 #1 静谧雪花
e.innisfree 悦诗风吟矿物质纯安四色眼影 #5 星光秋夜　f.innisfree 悦诗风吟纤巧精细睫毛膏 #2 棕色　g.innisfree 悦诗风吟淇淋蜜柔唇膏 #6 香草淡粉

傲娇女王

用酷酷的深灰色画出女王必备的犀利眉型，注意强调眉峰部位，让眉眼部分看起来更有气场。

银灰色由浅入深从眼头开始晕染至眼尾，打造小烟熏般的眼妆效果。

沿着睫毛根部描绘出精致的黑色眼线，画至眼尾时向上挑起，拉长眼型。黑色睫毛膏着重涂抹眼尾部分，纤长而微微上挑的眼型让人看起来冷艳而妩媚。

用杏色腮红打造出女王感的立体脸部轮廓！由颧骨下方凹陷处开始斜向太阳穴处刷扫，画出长条型的腮红形状。

大人感的暗红色可以让女神气质瞬间激增！记得涂抹时用唇刷辅助，先勾画出唇形再用唇膏填满。

Items

a.innisfree 悦诗风吟生机三角形自动眉笔　b. 植村秀 尼龙眉刷　c.benefit 蒲公英蜜粉　d.Dior 迪奥幽蓝魅惑五色眼影设计师系列 #008
e. 香奈儿炫长卷翘防晕染睫毛膏　f.innisfree 悦诗风吟纤细流畅持久眼线液笔　g. 香奈儿可可小姐唇膏 #452

简约都市

EYEBROW
眉毛

a

用棕色的眉粉淡淡刷扫在眉毛上，形成如同蒙上一层雾般的雾眉效果。

EYESHADOW
眼影

d

肉色眼影打底，再用大地色眼影最浅的颜色叠加晕染。记得选用哑光质地的眼影，画出低调简约的眼妆。

BASE
底妆

b

在底妆的最后一步，用蜜粉来定妆。轻盈细腻的蜜粉可以打造出清爽却精致的妆面。

EYELINER & EYELASH
眼线 & 睫毛

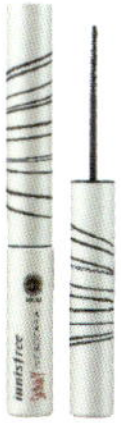

e

用棕色眼线笔在内眼睑处描绘出细细的眼线，内眼线是让眼睛看起来更有神的秘密法宝！接着，用睫毛膏打造出自然卷翘且根根分明的睫毛。

CHEEK
腮红

c

若有似无的肉粉色腮红轻轻刷扫在颧骨两侧，提升气色的同时又不会让妆容显得太浓厚。

LIP
唇膏

f

橘色唇膏涂抹在唇部后，用指腹轻轻晕染按压，打造哑光感的妆效。

Items 

a.benefit 完美眉毛组合　b.Dior 迪奥修复焕采蜜粉　c.innisfree 悦诗风吟矿物质纯安美颊蜜粉饼 #4 害羞的樱花　d.YSL 圣罗兰蒙德里安五色眼影 #02
e.innisfree 悦诗风吟纤巧精细睫毛膏　f. 阿玛尼漆光迷情唇釉 #402

鬼马精灵

BASE
底妆

为了能更突显出鬼马精灵般的眼妆，底妆建议使用哑光质感的粉底打造出雾面的妆效。

EYESHADOW
眼影

橘粉色眼影大面积涂抹眼部区域，着重打在眼头，向眼尾方向晕染开。下眼皮卧蚕处也画上同色眼影，轻轻晕染开。

EYELASH
睫毛

浓密型睫毛膏涂抹睫毛根部，再分段贴上假睫毛，下睫毛部分也同样方式处理，打造出凌乱感的黑色睫毛。

CHEEK
腮红

与眼影相近的橘粉色在颧骨处浅浅扫上一层，腮红不可以过于浓重哦！

LIP
唇膏

用正红色唇釉涂抹双唇，在上下唇峰处着重涂抹加强，让双唇看起来如同微微噘起般性感俏皮。

Items

a. 宠爱之名亮白净致无暇裸妆霜　b. 纪梵希幻影四宫格腮红 #25 活力香橙　c. 阿玛尼决战时尚明锐纯色眼影 #13
d.innisfree 悦诗风吟矿物质纯安四色眼影 #9 红豆南国　e.BOBBI BROWN 烟熏魅睫睫毛膏　f.innisfree 悦诗风吟丝绒雾面慕斯唇彩 #5 梦幻蔷薇园

减龄童颜

EYEBROW
眉毛

a

用眉粉画出自然的眉形轮廓，再轻轻刷扫晕染，注意眉尾不宜超过外眼角，打造出短粗感的平眉。

BASE
底妆

b

将气垫BB霜轻轻“吻”在肌肤上，轻盈润透的肤色是制造童颜感的小秘诀哦！

CHEEK
腮红

c

用粉蕾色在两侧的脸颊中央画出可爱的爱心形状，让童颜感急速UP！

EYESHADOW
眼影

d

e

用四色眼影的杏色先在上眼皮打底，再用粉色叠加晕染。下眼睑处用眉粉沿卧蚕最外侧轻轻画出轮廓，再以珠光白色眼影涂满内侧区域，打造卧蚕眼妆。

EYELASH
睫毛

刷扫出黑色的浓密感睫毛，在上下睫毛的中段区域贴上假睫毛，从视觉上达到甜美圆形大眼的效果。

f

LIP
唇膏

g

肉粉色唇釉打造粉嫩唇色的同时，也可以让唇部显得更丰满莹润。

Items 

a.innisfree 悦诗风吟生机双色眉粉　b.innisfree 悦诗风吟水感光透气垫粉凝霜　c.innisfree 悦诗风吟矿物质纯安美颊蜜粉饼 #10 新采树莓　d.innisfree 悦诗风吟矿物质纯安四色眼影 #6 金棕麦田
e.innisfree 悦诗风吟矿物质纯安四色眼影 #10 晨露薰衣草　f.innisfree 悦诗风吟纤巧 & 丰盈双头睫毛膏　g.innisfree 悦诗风吟奇光炫彩唇釉 #10 红豆奶茶

田园少女

EYELINER
眼线

a

沿着睫毛根部描绘出自然的咖啡色眼线，紧贴眼睛形状，由眼头开始向眼尾描画。

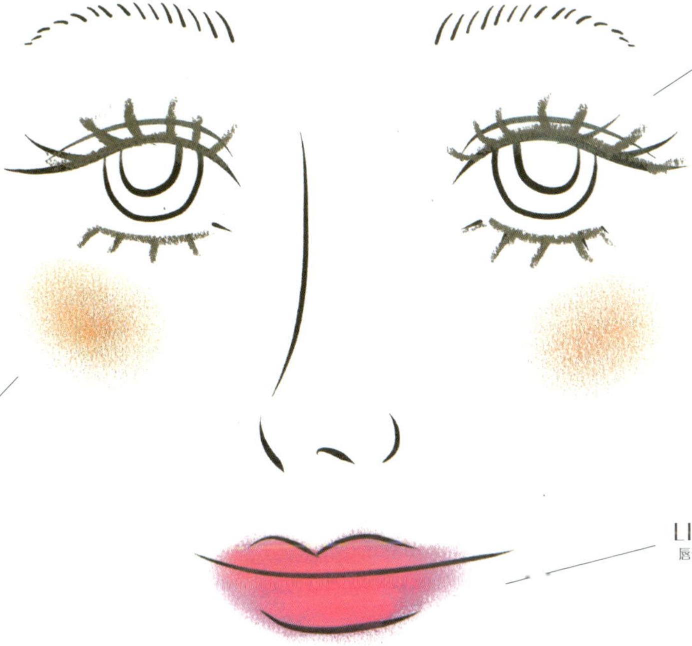

EYESHADOW
眼影

d

浅蓝色眼影轻轻压在上眼皮区域，制造出少女必备的纯净眼神！

EYELASH
睫毛

e

用和眼线相同色系的棕色睫毛膏刷出自然感的睫毛，纵向扩张的睫毛能够自然增大眼型。

CHEEK
腮红

b c

古铜色修颜粉打在脸颊两侧靠近耳朵的部位，打造小颜效果。杏色腮红淡淡刷扫在颧骨处，增强少女的甜美感！

LIP
唇膏

f

玫红色唇膏涂抹全唇后，用指腹再蘸取唇膏按压在上下唇中央部位。咬唇妆和清新的少女风最配哦！

Items 

a.Dior 迪奥惊艳防水眼线笔 棕色 b.M.A.C 炫亮透明胭脂 c.innisfree 悦诗风吟矿物质纯安玫瑰花纹亮颜粉 #2 淡雅玫瑰 d. 香奈儿四色眼影 #29
e. 法国娇兰一触飞翘浓密睫毛膏 f.innisfree 悦诗风吟淇淋蜜柔唇膏 #6 布霖玫红

英伦中性

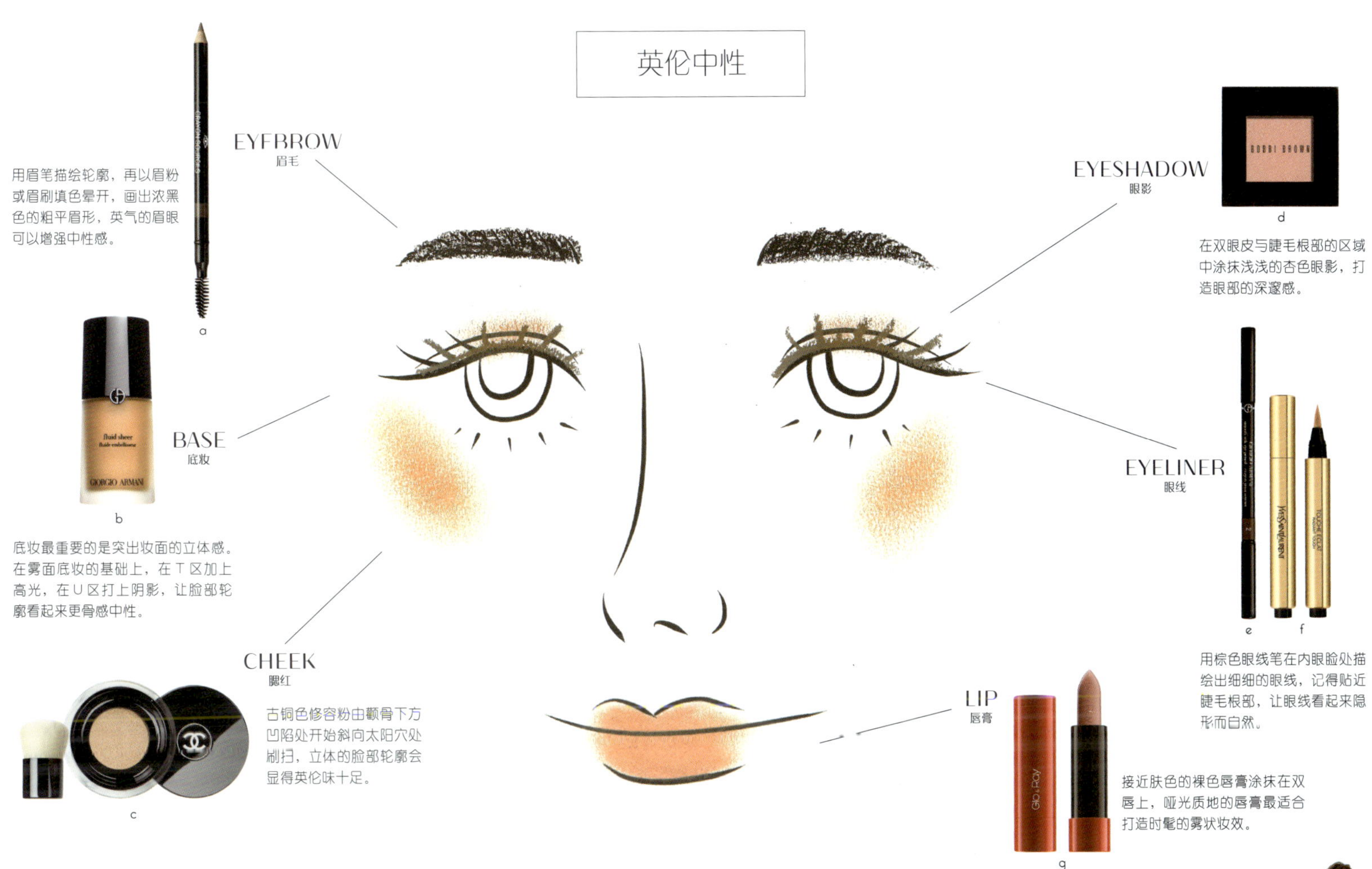

用眉笔描绘轮廓，再以眉粉或眉刷填色晕开，画出浓黑色的粗平眉形，英气的眉眼可以增强中性感。

在双眼皮与睫毛根部的区域中涂抹浅浅的杏色眼影，打造眼部的深邃感。

底妆最重要的是突出妆面的立体感。在雾面底妆的基础上，在 T 区加上高光，在 U 区打上阴影，让脸部轮廓看起来更骨感中性。

用棕色眼线笔在内眼睑处描绘出细细的眼线，记得贴近睫毛根部，让眼线看起来隐形而自然。

古铜色修容粉由颧骨下方凹陷处开始斜向太阳穴处刷扫，立体的脸部轮廓会显得英伦味十足。

接近肤色的裸色唇膏涂抹在双唇上，哑光质地的唇膏最适合打造时髦的雾状妆效。

Items ♥

a. 香奈儿眉笔 #30　b. 阿玛尼光影底妆修颜液 #10　c. 香奈儿丝绒底妆雾粉　d. BOBBI BROWN 云雾眼影
e. 阿玛尼丝滑眼线笔 #2　f. YSL 圣罗兰明彩笔　g. Glo&Roy 唇爱微光 HONEY

绯红宿醉

EYEBROW
眉毛

a

浅棕色眉粉先描绘出眉毛轮廓，再轻轻晕开，画出自然的眉形。

BASE
底妆

b　c

用滋润型粉底画出水润感的清透底妆，打造伪素颜感的清新肤质。

CHEEK
腮红

d

画腮红前，先用遮瑕产品在眼睛下方区域遮盖掉黑眼圈及眼袋。再将绯红色腮红刷在眼睛下方、颧骨上方的半圆形区域，一次刷一点，直到画出满意的颜色为止。

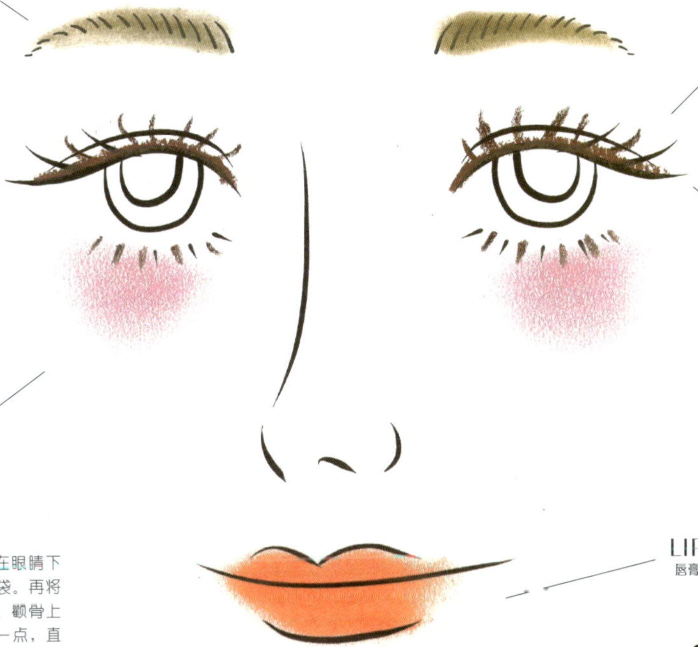

EYESHADOW & EYELINER
眼影 & 眼线

e　f

红咖色眼影涂抹在双眼皮与睫毛根部的区域，再用同色眼线在睫毛根部处绘出上眼线，在下眼睑处也同样画出细细的眼线。

EYELASH
睫毛

与眼影一样的红咖色睫毛膏刷扫上下睫毛，制造出充满迷离感的眼妆！

LIP
唇膏

g

用指腹蘸取橘红色唇膏涂抹在唇部，轻轻按压让唇色显得均匀自然。

Items ♥

a. 香奈儿眉部彩妆粉　b.innisfree 悦诗风吟矿物质纯安水嫩粉底液　c.Dior 迪奥凝脂星光亮妍遮瑕乳　d.Dior 迪奥腮红 #829
e. 香奈儿四色眼影 #79　f.benefit 大放睛采眼线笔　g. 法国娇兰亲亲唇膏 #344

清新雀斑

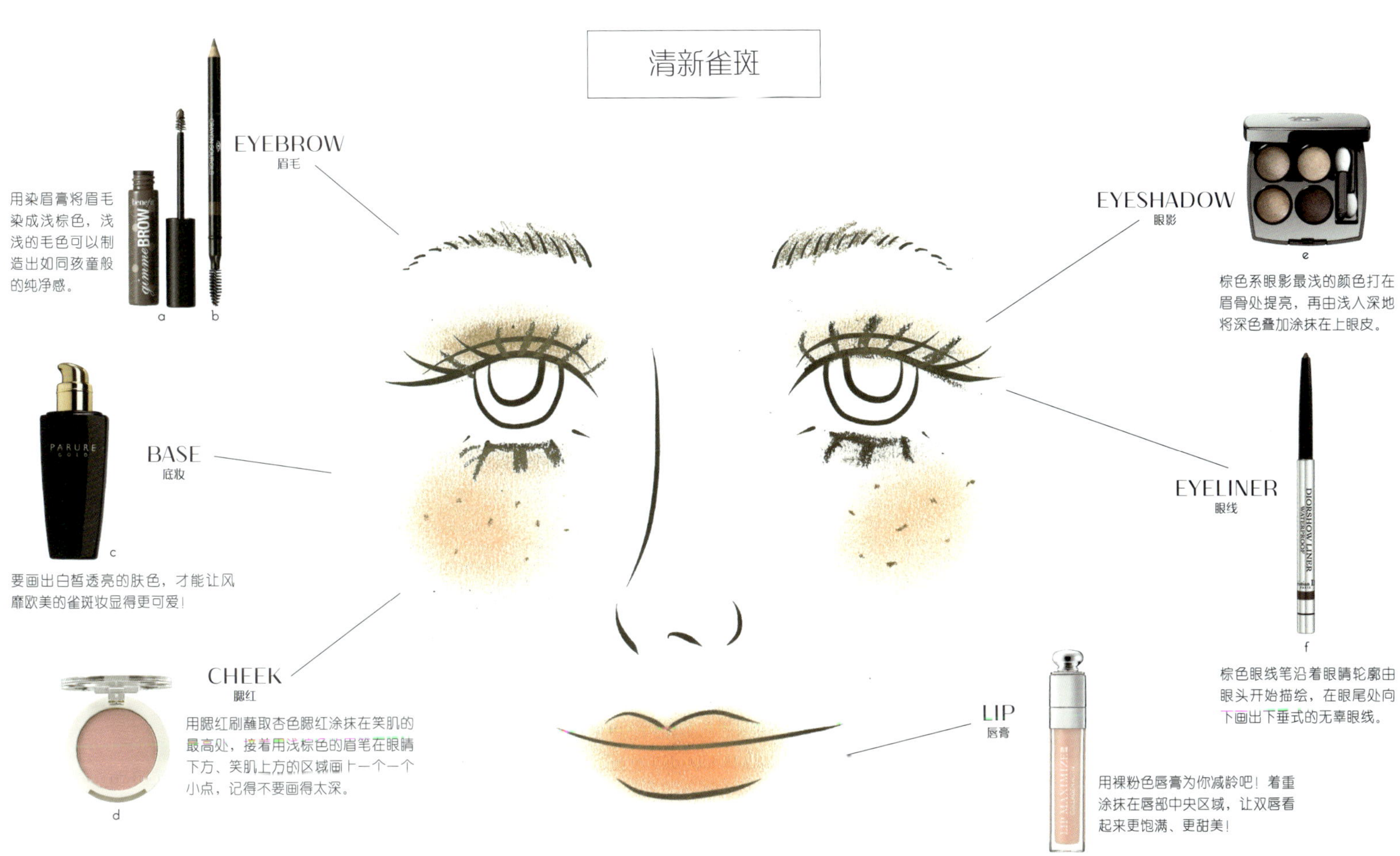

Items

a.benefit 眉梦成真丰眉膏　b. 香奈儿眉笔 #30　c. 法国娇兰金钻修颜粉底液　d.innisfree 悦诗风吟矿物质纯安美颊蜜粉饼 #4 害羞的樱花
e. 香奈儿四色眼影 #226　f.Dior 迪奥惊艳防水眼线笔　g.Dior 迪奥魅惑丰唇蜜 #001

萌系宠物

EYESHADOW
眼影

a

将黄色眼影涂抹在眼头及眼睛中央区域，再用绿色眼影涂抹后半段，中间部分用指腹轻轻晕染做出自然的渐变。

BASE
底妆

b

如同“亲吻”一般将气垫 BB 霜轻轻按压在肌肤上，清透如素颜的肤色是制造梦感的第一步！

CHEEK
腮红

c

用珊瑚色在颧骨处打上腮红，分两笔画出一个圆形。

EYELASH
睫毛

d

棕色睫毛膏刷扫睫毛，着重涂抹下睫毛，浓密的下睫毛可以让人拥有宠物般惹人怜爱的眼神。

EYELINER
眼线

e

与睫毛相同色的棕色眼线加强眼部中段，即瞳孔上方区域，能够让眼睛看起来更有神。

LIP
唇膏

f

涂抹充满光泽感的粉色唇釉，莹润的嘟嘟唇简直让人想立刻亲吻上去！

Items 

a.innisfree 悦诗风吟矿物质纯安四色眼影 #8 金盏花园　b.innisfree 悦诗风吟水感光透气垫粉凝霜 SPF 30+ PA+++　c.innisfree 悦诗风吟矿物质纯安美颊蜜粉饼 #9 粉橘雏菊
d.innisfree 悦诗风吟纤巧精细睫毛膏 #2 棕色　e.innisfree 悦诗风吟纤细流畅持久眼线液笔　f.innisfree 悦诗风吟奇光炫彩唇釉 #5 粉红果味汽水

燃情沙滩

EYEBROW
眉毛

a　b

定型眉胶不仅能够修饰眉形，还可以防止眉色变淡而成“无眉道士”的困扰。

BASE
底妆

c

烈日下，防晒又能防水的底妆是前往沙滩海边嬉戏的 key point！

CHEEK
腮红

d

用橘色的膏状腮红在颧骨上横向涂抹，画出仿佛被阳光晒过一般微微泛红的肤色。

EYESHADOW
眼影

e

如同油画般油亮质感的橘色眼影膏色彩浓郁，还不易掉妆，能有一整天的持妆力。

EYELINER & EYELASH
眼线 & 睫毛

f　g

用防水眼线笔沿着眼睛轮廓，在睫毛根部描绘出细致的眼线。再用防水睫毛膏涂抹上下睫毛，刷出自然的卷翘感。

LIP
唇膏

h

淡淡的裸色唇膏增加妆容质感的同时，带来明媚好心情！

Items 

a.innisfree 悦诗风吟纤巧精密染眉膏　b.M.A.C 时尚持久防水眉胶　c.Calvin Klein 全日持久粉底液　d.too cool for school 美术课颜料腮红
e.BOBBI BROWN 璀璨流云眼影膏　f.M.A.C 持久防水眼线笔　g. 植村秀翘羽花香防水睫毛膏　h. 阿玛尼持色迷情唇膏 #102

日系美瞳

EYELASH
睫毛

a

棕色睫毛膏沿着睫毛根部刷扫出卷翘的睫毛，也可以将棕色的假睫毛分段一簇一簇地贴在睫毛根部，增加浓密感。

CHEEK
腮红

b

先用遮瑕笔遮盖掉眼睛下方的黑眼圈和眼袋，再用橘粉色腮红涂抹在眼睛下方、颧骨上方，微微向上刷扫出甜美的羞怯感。

BASE
底妆

c

d

用清透质感的粉底由面部中央向外圈轻按，再用遮瑕膏遮盖掉脸上的小瑕疵，打造出健康的润泽感。

EYELINER
眼线

用蓝色眼线笔由眼头开始，画出平稳的眼线。画至眼尾时，在外眼角处画上三角形的“小翅膀”。

e

LIP
唇膏

f　g

先用橘色唇膏涂抹在双唇的外圈区域，再以粉色唇膏重点涂在唇部内圈，两色交接处用指腹轻轻按压晕染，双色唇就完成啦！

Items

a.too cool for school 迪诺恐龙浓密纤长睫毛膏　b.M.A.C 定制双色遮瑕膏　c.M.A.C 魅可定制双色遮瑕膏　d.Dr.Jart+ 蒂佳婷新活遮瑕气垫美颜霜
e. 植村秀烟花十色眼线液 海军蓝　f.innisfree 悦诗风吟丝绒雾面唇膏 #1 淡淡暖橘　g.innisfree 悦诗风吟丝绒雾面唇膏 #3 玫红小礼服

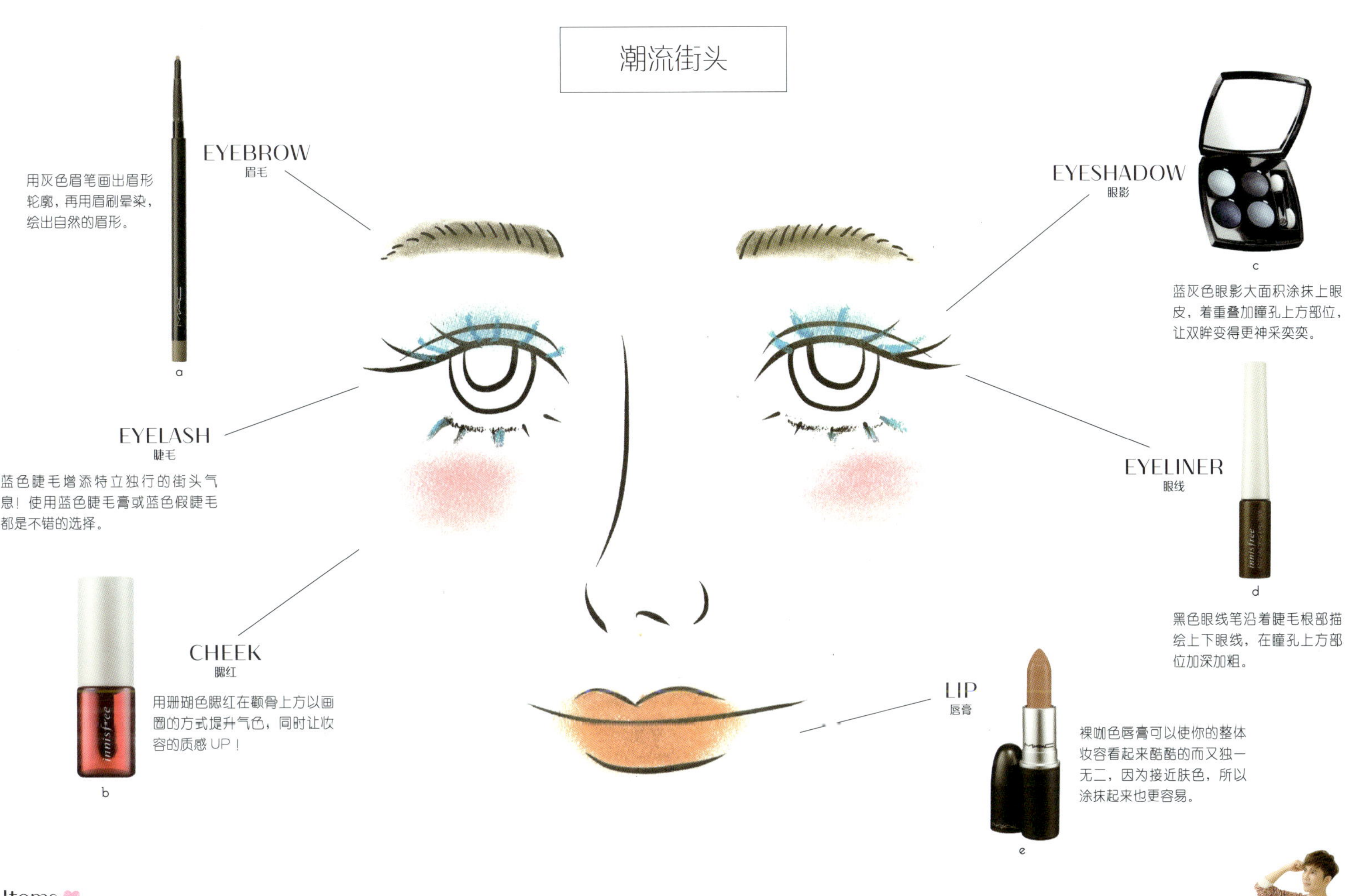

Items

a.M.A.C 细致眉笔 #01　b.innisfree 悦诗风吟生机果萃胭脂水 #2 蜜柑新露　c. 香奈儿四色眼影 #29　d.innisfree 悦诗风吟生机持久眼线液
e.M.A.C 时尚唇膏 #Fleshpot

闪耀派对

EYELASH
睫毛

a

黑色浓密型睫毛膏刷出长长的卷翘睫毛，再用红色睫毛膏或假睫毛在眼尾制造出眼妆的“心机”小亮点！

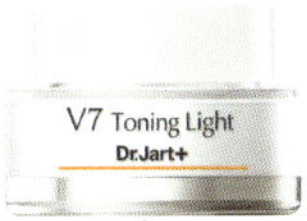

BASE
底妆

b

利用高光和阴影为自己“伪装”出一张立体小颜，才是在派对中脱颖而出的不二选择哦！

CHEEK
腮红

c d

古铜色修容刷扫在颧骨下方，混入红咖色腮红为脸颊注入满满的活力感。

EYESHADOW
眼影

e

f

先用带有珠光的灰紫色眼影打底，涂抹在双眼皮到眼睑的部位。再用加入亮片的金棕色涂抹在双眼皮上，让眼妆看起来闪耀而深邃。

LIP
唇膏

g

最适合派对的正红色唇膏既显得复古，又可以很经典。先用粉底遮盖原有的唇色，再用唇刷上妆，是画出完美红唇的秘诀哦！

Items

a. 香奈儿炫长卷翘防晕染睫毛膏　b.Dr.Jart+ 蒂佳婷维生素焕颜亮白霜　c.innisfree 悦诗风吟矿物质纯安玫瑰花纹亮颜粉 #1 华丽玫瑰　d.M.A.C 时尚胭脂
e.innisfree 悦诗风吟矿物质纯安四色眼影 #10 晨露薰衣草　f.YSL 圣罗兰高定单色眼影 #15　g.YSL 圣罗兰纯口红 #1

Items

a.M.A.C 细致眉笔 -Spiked　b.innisfree 悦诗风吟水润精华隔离修饰乳 - 光采　c.M.A.C 时尚胭脂 #10　d.Glo&Ray 明眸光羽四色眼影 Aegean Blue #401　e.innisfree 悦诗风吟纤巧 & 丰盈双头睫毛膏　f. 香奈儿可可小姐唇膏 #446

混血女孩

EYELASH
睫毛

a

上下都使用卷翘型的假睫毛，浓密翘睫可是混血妆必备哦！

b

c

CHEEK
腮红

用两色腮红打造脸部立体感吧！古铜色涂抹在笑肌外圈修饰脸型，杏色刷在里圈增强甜美感。

EYESHADOW
眼影

d

卡其色眼影会让眼妆变得酷炫而有趣！眼尾可以叠加一些棕色眼影，让眼窝看起来像外国人一样深邃。

EYELINER
眼线

上眼皮使用黑灰色眼线，画至眼尾时轻轻拉长，视觉上打造大眼效果。下眼线填补睫毛间的空隙，让睫毛看起来更浓密。

e

LIP
唇膏

f

深红色唇膏可以微微涂出唇线以外，制造不经意的小性感！

Items ♥

a.M.A.C 假睫毛 #44　b. 法国娇兰腮红　c.innisfree 悦诗风吟矿物质纯安美颊蜜粉饼 #4 害羞的樱花
d. 纪梵希高定魅彩四色眼影 #7 玩味卡其　e.M.A.C 精采烟熏眼线笔　f. 纪梵希高定香榭天鹅绒唇膏 #315

For 最爱彩妆
的女生们

Foundation

底妆很关键

水光肌

光泽感与水润感满分的肌肤底妆，即使不用其他彩妆，都看起来清新可人，招揽桃花效果也是棒棒哒！

How to make?

Step.1

先用保湿精华为肌肤补充满满的水分！将产品涂抹在肌肤上后，用按摩的方式帮助肌肤吸收。

Step.2

敷上保湿补水的面膜，享受 10~15 分钟的 mask time。取下面膜后，用指腹按摩来帮助肌肤吸收掉剩余的精华液。

Step.3

用气垫隔离来修正肤色。紫色隔离可以用来修正暗黄肤色，泛红肤色则比较适合绿色隔离，当然也可以选用与肤色相近的蜜桃色来提升肌肤的光泽感。

Step.4

用遮瑕笔仔细地遮盖脸部的小瑕疵，再以指腹轻按，将遮瑕膏晕染进底妆里。

Step.5

气垫粉凝霜是完成水光肌最重要的一步！以"亲吻"的方式将气垫 BB 正面贴合肌肤，轻轻按压，将细腻的粉凝霜"吻"进肌肤里。

Items to use

innisfree 悦诗风吟矿物质纯安修饰遮瑕笔
innisfree 悦诗风吟真萃鲜润面膜 – 芦荟（舒缓补水）
innisfree 悦诗风吟绿茶籽精萃水分菁露
innisfree 悦诗风吟莹润调色气垫隔离霜
innisfree 悦诗风吟水感光透气垫粉凝霜

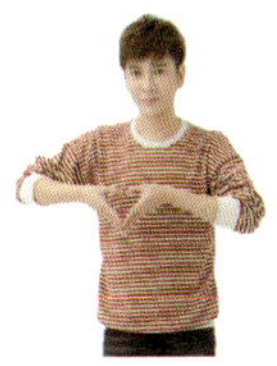

雾面肌

强调哑光效果和肌肤质感的雾面肌，更能够凸显妆容的细腻度哦！搭配红唇妆，立刻让女人味急速 UP！

How to make?

首先，用保湿产品为肌肤注入水分。接着，将控油产品涂抹在比较容易出油的部位，如额头、鼻翼、唇周等区域。

具有修正肤色功效的隔离乳能够美化肤色，根据不同的肤色选择不同的隔离色，让肌肤看起来干净明亮。

选择丝绒质地的粉底液打造具有质感的肌肤底妆！用粉底刷均匀地由脸部中央向外侧涂抹粉底，打造雾面妆感。

当然不能忽略任何一点小瑕疵！遮瑕产品涂抹在瑕疵部位，指腹轻轻按压。

用散粉刷蘸取粉饼定妆。记得不可以使用粉底海绵，海绵会导致底妆变得太厚，影响底妆的轻盈质感。

benefit 反孔精英脸部底霜
Dior 迪奥凝脂亲肤清透亮匀嫩修颜乳
法国娇兰金钻修颜粉底液
M.A.C 双色遮瑕膏
innisfree 悦诗风吟控油矿物质散粉

混血肌

混血底妆的特点是利用提亮和阴影，完美结合光影的照射，让五官显得更为立体。
简单几步，就能拥有洋娃娃一般的精致轮廓！

How to make?

隔离乳可以修正肤色，让肌肤看起来更健康。

选用两种色号的粉底液。自然色以面部中央向周围点拍匀开的方式涂抹全脸，提亮肤色；深一色号的粉底液涂抹在脸部最外圈，制造小脸的效果。

用蜜粉在全脸轻轻刷上一层定妆。

高光产品或浅一色号的粉底打在脸部T区、眼下的三角区及下巴处进行提亮。

修容粉刷在脸颊轮廓处制造阴影，混血儿一般的精致五官和小脸就大功告成啦！

innisfree 悦诗风吟莹润调色气垫隔离霜（紫罗兰色）
阿玛尼大师粉底液
Dior 迪奥修复焕采蜜粉
香奈儿米色时尚修颜粉
innisfree 悦诗风吟矿物质纯安美颊蜜粉饼 #8 秋日光影

底妆是彩妆最关键
的一步哦~

Eyebrow

眉毛改变气场

一字眉

平平的一字眉线条柔和，颜色自然。无论搭配什么眼妆，都显得温柔有气质，完全不会出错哦！

Step.1

先用修眉产品修剪掉眉峰，修剪时用眉笔先浅浅画出轮廓，让眉毛向水平方向柔和延伸，记得眉尾一定不能低于眉头。

Step.2

用棕色的眉粉先画出一字眉的轮廓，由眉头开始平平地延伸至眉尾。再用眉刷晕染，使眉色和形状都看起来更柔和自然。

Step.3

使用与眉粉相同的棕色，染色及填补眉毛的空隙，打造具有质感的眉妆。

innisfree 悦诗风吟生机三角形自动眉笔
benefit 完美眉毛组合

凌乱眉

说是凌乱，其实更强调个性。看起来根根分明的眉毛，让你在第一眼就成为独一无二的焦点。

Step.1

用眉笔沿着眉毛最中心区域，水平画出一条眉底线。

Step.2

眉刷轻轻刷扫眉底线部分，自然地晕染出眉形轮廓。

Step.3

将染眉膏的刷子逆着眉毛生长的方向倒刷眉毛，看似凌乱实则根根分明的个性眉毛就大功告成了。

香奈儿眉笔
innisfree 悦诗风吟乐活自然斜角眉粉刷
innisfree 悦诗风吟纤巧精密染眉膏

犀利眉

上扬的眉峰配上锐利的眉形，瞬间让气场爆棚！想要打造女神范儿，不如从眉毛开始吧！

Step.1

眉笔勾勒出犀利的眉形轮廓，眉尾向上扬起。

Step.2

蘸取浅色的眉粉后，向外侧过渡并晕染眉形及颜色，打造眉部的立体感。

Step.3

从前向后，用透明色的眉胶为眉毛定型，并加强质感。

Dior 迪奥眉笔
M.A.C 持久防水眉胶
innisfree 悦诗风吟生机双色眉粉

眉毛决定
女生的气质~

Highlight·Shadow
Cheer·Eye·Lip

局部改变脸型

改变脸型缺点，就用**高光**来实现吧！

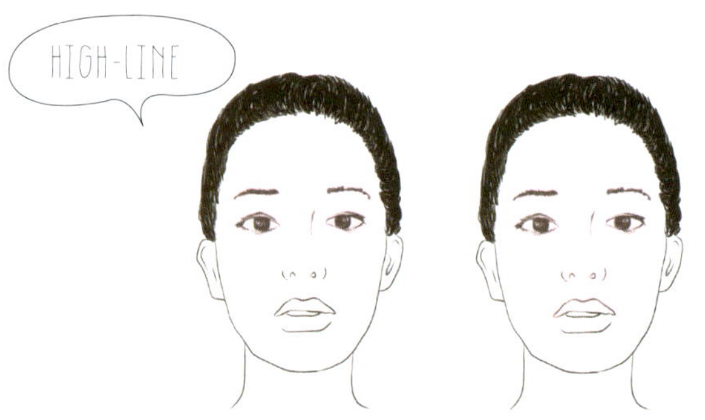

Items

纪梵希轻盈无痕明星四色散粉
innisfree 悦诗风吟矿物质纯安玫瑰花纹亮颜粉
YSL 圣罗兰明彩笔
M.A.C 幻丽星辰细粉
法国娇兰幻彩流星粉球（雪花限量版）

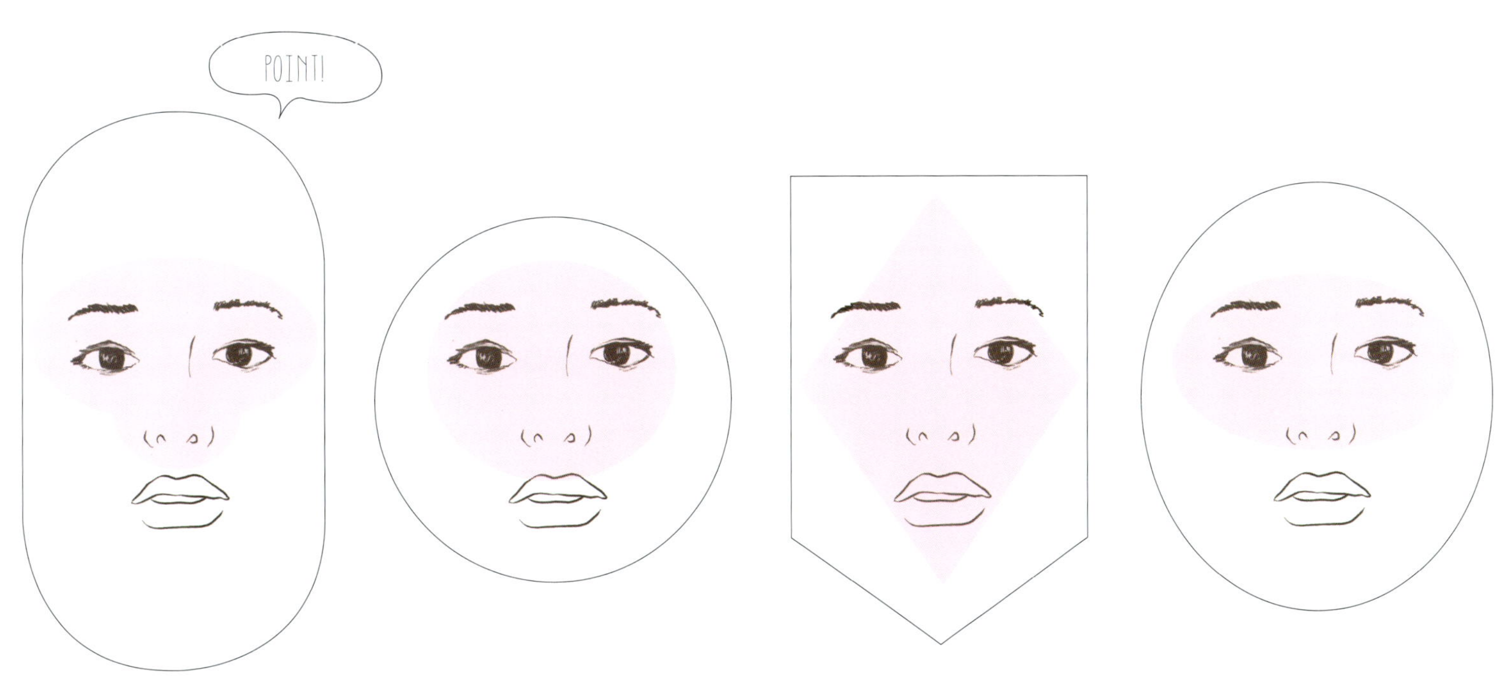

长脸星人

脸长的人应该从横向着手，
将高光产品以水平方向打在中庭及鼻子部分，
在视觉上缩短脸部的长度。

圆脸星人

脸过圆的人往往会让人感觉五官太平面，
以面部中央画椭圆打上一圈高光，
能够制造出缺乏的立体感哦！

方脸星人

对于方脸的人来说，弱化脸部的角度是上上策！
用高光在面部中央画出一个大大的菱形，
讨厌的腮帮立刻不见啦！

大脸星人

还在困扰脸太大不上镜吗？
变身小脸星人的秘密很简单，
用高光打在眼周和中庭部分，
立刻就呈现精致小脸了。

想要精致五官？来试试**阴影**的神奇效果！

Items

阿玛尼光影底妆修颜液
BOBBI BROWN 全新升级缤纷唇颊霜
innisfree 悦诗风吟矿物质纯安美颊蜜粉饼 #8 秋日光影
M.A.C 时尚胭脂

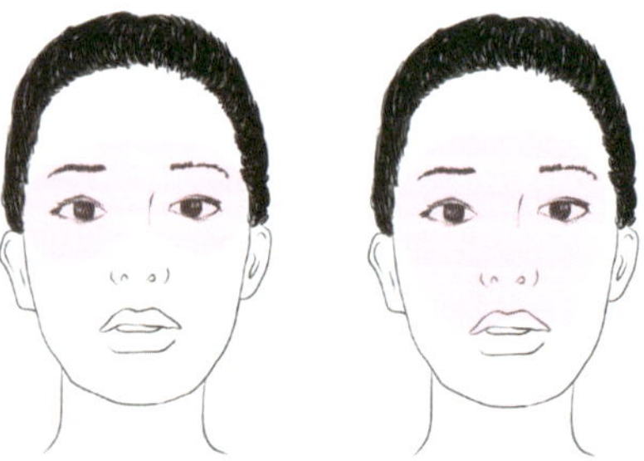

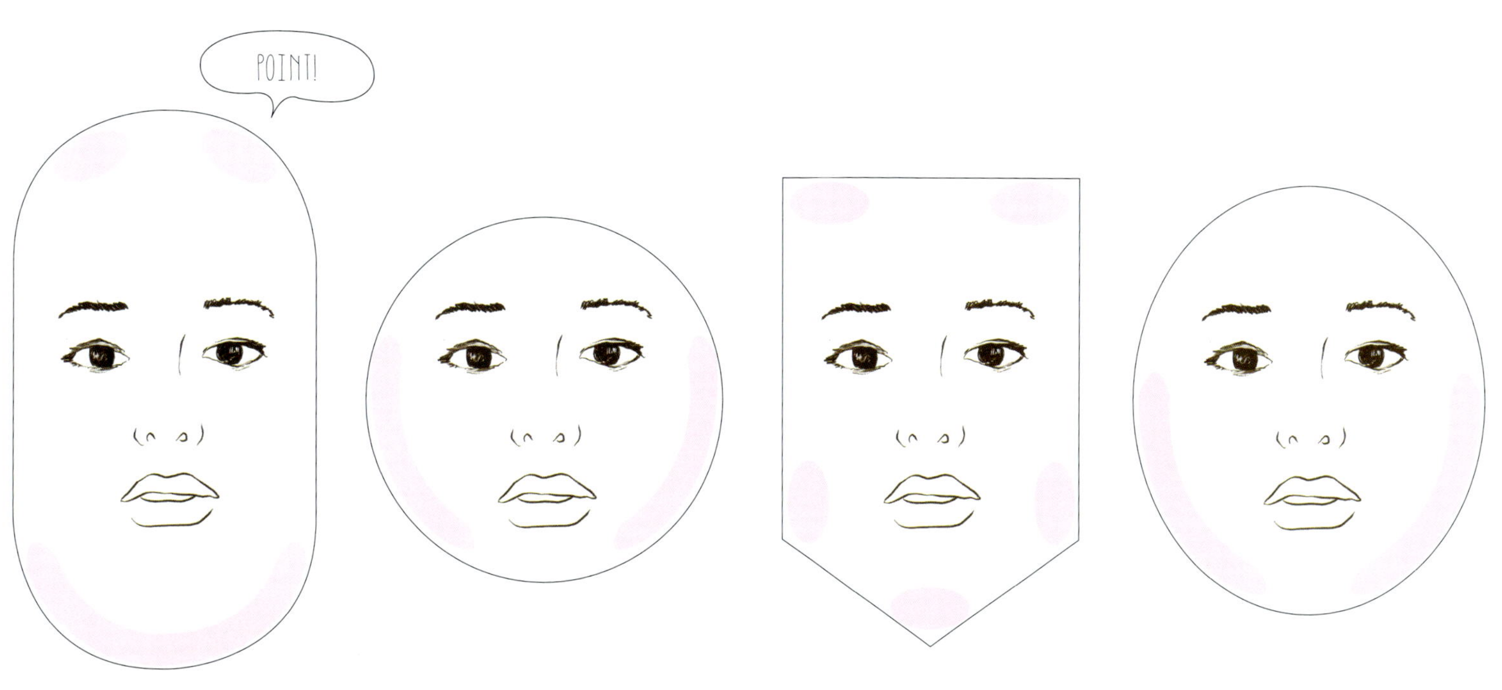

长脸星人

将阴影打在下巴和额头区域，
只突出脸部中央水平部分，
就可以让脸看起来“咻”地一下变短了。

圆脸星人

在脸部外缘部分打上一圈阴影，
让五官看起来向中央部分集中。
无论什么角度，都看起来好立体！

方脸星人

如同橡皮擦一样，
利用阴影“擦”掉讨厌的腮帮和高耸的颧骨，
让面部线条变得更柔和、更自然。

大脸星人

用阴影在脸部外缘画上大大的一圈 U 型，
视觉上整整小了一圈的脸
无论搭配什么五官都好看！

笑肌万岁！用**腮红**打造不同的妆容印象！

可爱感

用杏色腮红膏打底，圆形打圈的方式涂在笑肌处。
再用粉色系单色腮红刷在笑肌最高点，
范围小于杏色腮红膏，制造层次感。

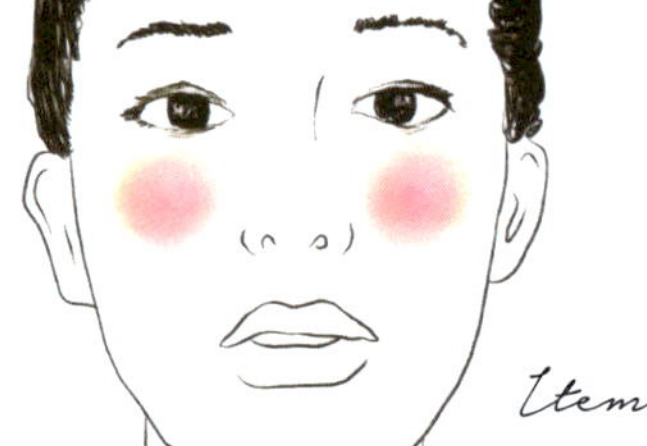

Items

香奈儿自然亮采腮红膏
Dior 迪奥腮红

初恋系

用双色腮红来打造邻家女孩般的初恋感！
橘色腮红打在眼下至笑肌最高点之间，
粉色腮红重点横向刷在眼下部位。

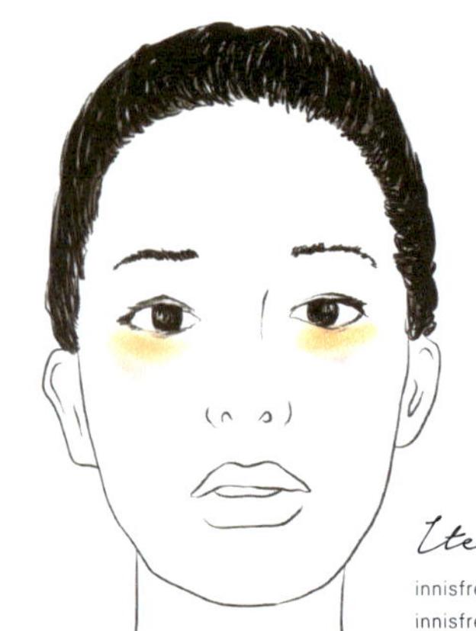

Items

innisfree 悦诗风吟矿物质纯安美颊蜜粉饼 #5
innisfree 悦诗风吟矿物质纯安美颊蜜粉饼 #11

羞涩感

拼色腮红刷在两侧双颊中央，
再用轻轻打上一层杏粉色腮红，
微微泛起的绯红让人无限怜爱。

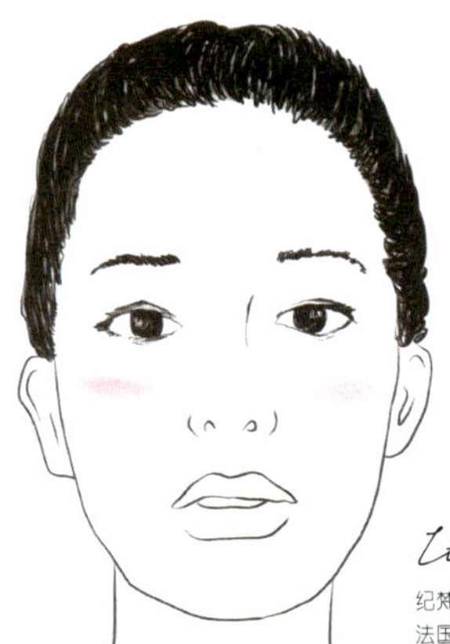

Items

纪梵希幻影四宫格腮红
法国娇兰腮红

不要以为腮红只有增加好气色的作用哦！
两款不同质地的腮红，或者两款不同颜色的腮红叠加，可以瞬间改变你给人的第一眼印象。

大人感

橘色腮红由颧骨开始斜向上刷扫，
修容粉打在脸部外侧画出一个大 U 型，
五官分明的妆感会让你看起来充满女人味。

Items

M.A.C 时尚胭脂
innisfree 悦诗风吟矿物质纯安美颊蜜粉饼 #7

健康感

橘色腮红粉大面积涂抹在眼下及笑肌上缘，
橘红色膏状腮红以点涂的方式涂抹在两侧眼头及眼尾下方，
用指腹轻轻晕染出具有层次感的腮红。

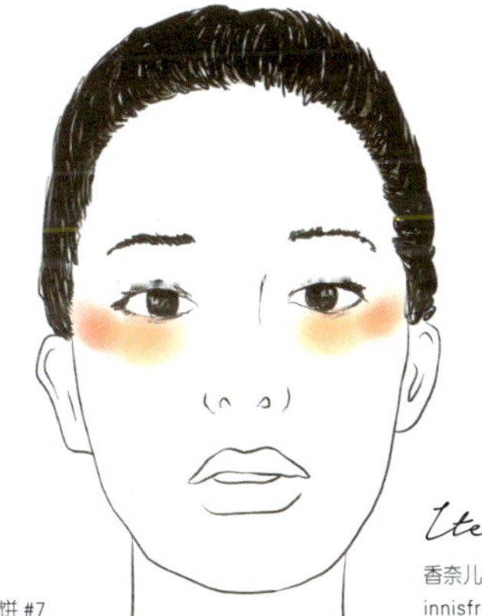

Items

香奈儿自然亮采腮红膏
innisfree 悦诗风吟矿物质纯安美颊蜜粉饼 #9

十字腮红

红色液体腮红在笑肌最高点横向画出“—”，
再以橘色液体腮红从眼下开始竖直画出“I”，
手指轻轻按压晕染。

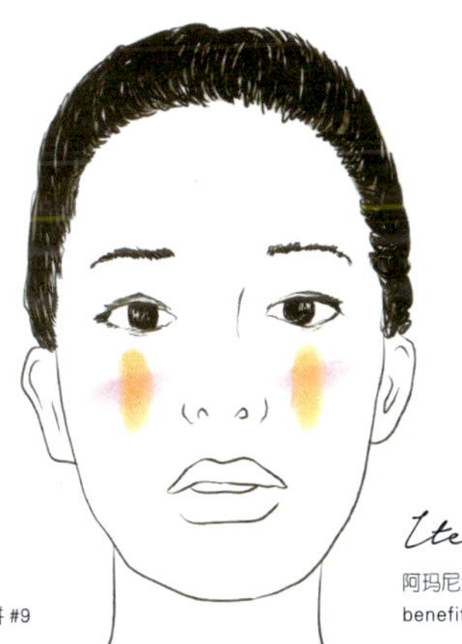

Items

阿玛尼绯霞亲肌修饰乳
benefit 恰恰胭脂水

迷人电眼的点“睛”攻略！

还在抱怨单眼皮、眼睛小、双眼无神？学会对症下药，其实只要针对不同眼型画出专属的眼妆方案，迷人电眼即刻呈现！

单眼皮

大地色眼影打底，去除眼皮的浮肿感。
用眼线笔沿着睫毛根部画出眼线，眼尾拉长，
在视觉上扩张眼型。

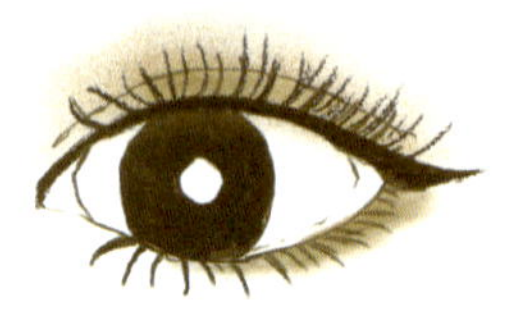

Items

阿玛尼决战时尚明锐纯色眼影
Calvin Klein 持久流畅眼线膏

内双

用渐变色系眼影，由浅到深层层叠加涂抹在眼皮上，
最深的颜色涂抹在内双部分。
涂上卷翘浓密的睫毛，让眼部看起来深邃迷人。

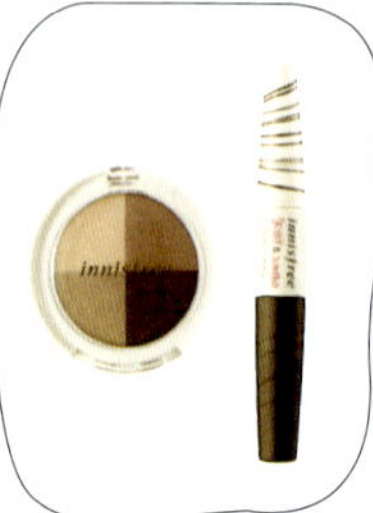

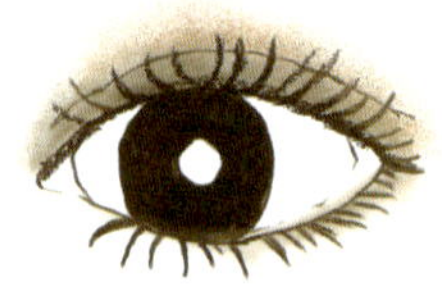

Items

innisfree 悦诗风吟矿物质纯安四色眼影 #5 星光秋夜
innisfree 悦诗风吟纤巧 & 丰盈双头睫毛膏

双眼皮

双眼皮虽然好画，但很容易产生浓妆感。
所以，尽量将深色眼影晕染在眼尾处，
再利用眼尾拉长的睫毛来替代眼线笔，使眼妆显得更自然。

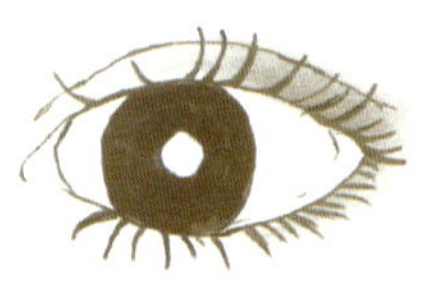

Items

too cool for school 华丽摇滚炫色眼影
BOBBI BROWN 烟熏魅睫睫毛膏

细长眼

改变细长感的方法是将眼线和睫毛着重画在眼部中央位置，
让视线集中在瞳孔区域，
可以让眼型看起来更为圆润。

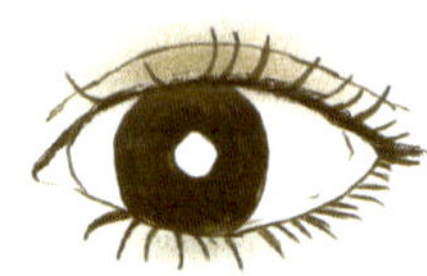

Items

innisfree 悦诗风吟纤细流畅持久眼线液笔
Glo&Ray 睛密纤巧睫毛膏

眼距过宽

害怕眼距过宽的人可以试着裸色眼影打在眼头，
再用眼线画出内眼角，
以此来增进两眼之间的距离。

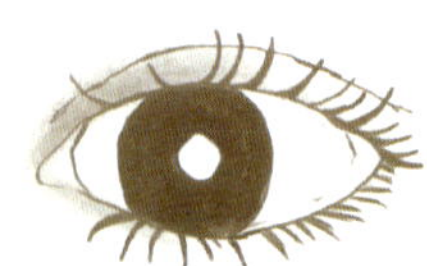

Items

Dior 迪奥惊艳单色眼影
Dior 迪奥魅惑眼线液

眼型上翘

上眼线从眼睛中段开始画，沿着睫毛根部画至眼尾时
不要向上挑起，而是向下画出一小段。
接着，再用黑色眼影在下眼尾处填补满一个三角形。

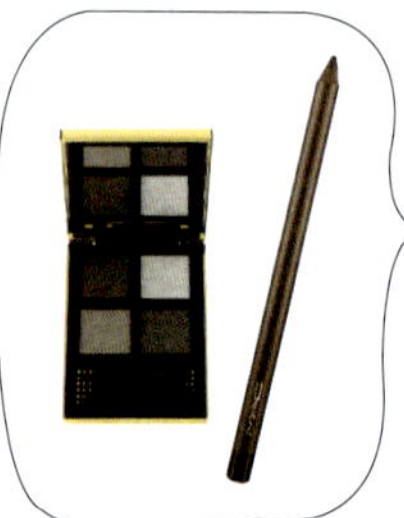

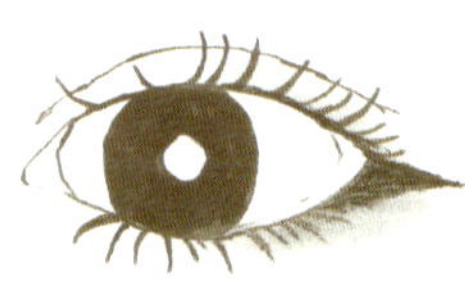

Items

YSL 圣罗兰臻彩四色眼影
M.A.C 持久防水眼线笔

“唇唇”惹人爱！让女性魅力激增！

莹润饱满的唇部会让人止不住地想亲吻下去，简直就是快速提升女性魅力的重要元素哦！

薄唇

嘴唇太薄，与性感无缘？
不如先用唇刷蘸取唇膏勾勒出理想的唇型，
再用雾面唇膏填满唇线内部区域，性感双唇立刻呈现！

Items
innisfree 悦诗风吟丝绒雾面唇膏 #6 甜美蜜桃派
innisfree 悦诗风吟乐活自然美妆工具
——可伸缩唇刷

厚唇

太厚的嘴唇有时也会看起来不够精致。
用遮瑕膏遮盖掉唇部外缘轮廓后，
再用唇膏画出理想的唇型就大功告成了。

Items
M.A.C 定制双色遮瑕膏
M.A.C 时尚唇膏

唇色暗

先以粉底遮盖住原本的唇色后，
再用具有油画质感的唇釉来涂抹唇部，
可以让唇色呈现最饱满的状态哦！

Items
Calvin Klein 丝柔无瑕粉饼
innisfree 悦诗风吟奇光炫彩唇釉
#6 甜粉鸡尾酒

咬唇妆

让人心动的咬唇妆怎么画？一深一浅两色唇膏就可以搞定！
浅色唇膏涂抹全唇，深色涂抹唇部中央区域，
再用纸巾抿一下让颜色过渡得更自然。

Items
innisfree 悦诗风吟奇光炫彩唇釉 #6 甜粉鸡尾酒
innisfree 悦诗风吟奇光炫彩唇釉 #5 粉红果味汽水

嘟嘟唇

先用粉嫩色系的唇膏涂抹双唇，
再用莹亮感的唇蜜叠加涂抹在上下唇的中央部位，
打造出 Baby 般无辜嘟起的嘴唇。

Items
香奈儿可可小姐唇膏
香奈儿晶亮唇蜜

复古红唇

用遮瑕笔先勾画一圈唇部轮廓，
然后将正红色的唇膏涂满双唇，
遮瑕过的唇周会让唇妆外缘的瑕疵统统不见！

Items
YSL 圣罗兰明彩笔
纪梵希高定香榭天鹅绒唇膏

细节决定
妆容的胜负~

Skincare

妆前 & 夜间保养

妆前保养，让妆容更自然服帖！

Step.1

清洁肌肤

基础护肤的第一步，也是最不可忽视的一步。用细腻的洁面泡沫清洁肌肤，洗去多余的油脂和污垢。

细节清理

用洁面仪在最容易堆积油脂和角质的部位如鼻翼、下巴等区域，以打圈的方式清洁，进一步洁净肌肤。

a

b

c

d

a 雅诗兰黛鲜亮焕采洁面乳

既可作为日常清洁产品，亦可作为净化面膜，洁净后的肌肤倍感清新、丰盈、舒适。

b innisfree 悦诗风吟绿茶精萃保湿洁面膏

含有济州岛纯净生绿茶水的丰富水分，轻松产生丰富细腻泡沫。

c Omorovicza 双效净肤洁颜膏

迅速起泡的温和洁面泡沫能有效卸妆及去除皮肤的杂质，不会带来绷紧感觉，配方不含有害的硫酸盐。

d innisfree 悦诗风吟精密洁面仪

比毛孔更小的微细刷毛，能深入毛孔深层，轻柔无刺激地清洁肌肤。

Step 3

二次清洁

化妆水充分浸润化妆棉后，用两指夹住棉片轻轻地擦拭全脸，为肌肤进行二次清洁。

Step 4

保湿护理

用浸润化妆水的棉片轻压在比较容易干燥的区域，如双颊、唇周等，按住 2~3 秒，帮助保湿成分的渗透。

a innisfree 悦诗风吟绿茶精萃平衡柔肤水

济州岛纯净绿茶水的新鲜水分打造水感透润肌肤的水珠柔肤水。

b innisfree 悦诗风吟济州石榴活妍焕采柔肤水

含有济州岛鲜榨石榴的有效成分，帮助恢复健康肌肤、塑造年轻活力肌肤的柔肤水。

c innisfree 悦诗风吟发酵豆弹力紧致精华乳

富含纯净济州岛发酵豆的弹力成分，帮助打造紧致、有活力的肌肤。

Step.5

促进吸收

让精华液来促进肌肤的吸收力，让后续保养的效果 UP! 用打圈的方式轻轻按摩全脸，帮助产品的渗透。

Step.6

眼周护理

脆弱而敏感的眼周区域，将眼霜分别涂抹在上下眼皮，并用点按加轻弹的方式帮助眼部吸收。

a

b c

a Dr.Jart+ 蒂佳婷锁水保湿精华乳

含有强化肌肤屏障、恢复肌肤保湿力的神经酰胺，深入渗透肌肤，长效保湿达 26 小时。

b 雅诗兰黛肌透修护眼部精华霜

全效修护眼部肌肤，改善皱纹、眼袋等老化迹象。

c innisfree 悦诗风吟济州石榴活妍焕采精华露

含有济州岛鲜榨石榴的有效成分，帮助恢复健康肌肤，塑造年轻活力肌肤的精华露。

Step.7

乳霜加固

将保湿类的乳液涂抹在肌肤上，全脸轻拍，为肌肤制造一层加固水分的保湿膜。

Step.8

面膜呵护

也可以选择做一次面膜护理，将面膜在脸上湿敷 10 分钟后取下，用手掌轻轻按压全脸帮助吸收剩余的精华液。

a innisfree 悦诗风吟济州岛寒兰至润面霜

给肌肤带来济州寒兰般的强韧生命力，具有皱纹改善 + 弹力提升 + 肤质改善 + 营养供给 + 毛孔护理的多效面霜。

b 宠爱之名柔润保湿修护生物纤维面膜

不论日常保养或临时急救，多加一道敷容步骤，就可立即且持续地全面补水、保水到锁水。

c Dr.Jart+ 蒂佳婷水动力活力水润面膜

超细纤维材质面膜，与面部肌肤完美贴合，使保湿成分均匀渗透入肌肤。

a

b

c

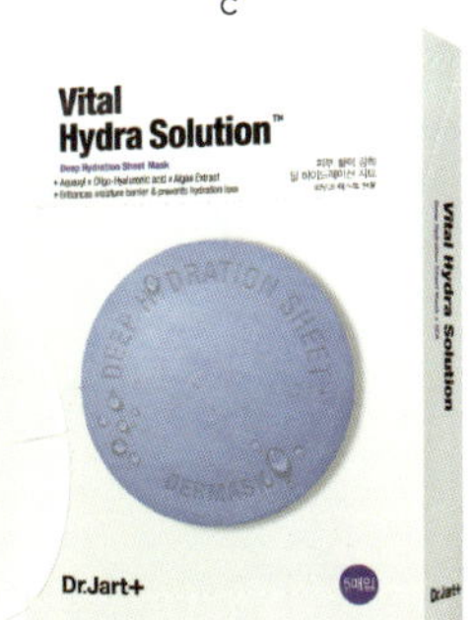

Step.9

促进循环

用按摩类产品为全脸做一次按摩提升，从下向上以双手拳面按压下巴处的轮廓线，促进淋巴循环。

Step.10

颈部提拉

不要忘记颈部护理哦！从锁骨处由下向上按摩颈部，促进淋巴循环的同时，预防颈纹。

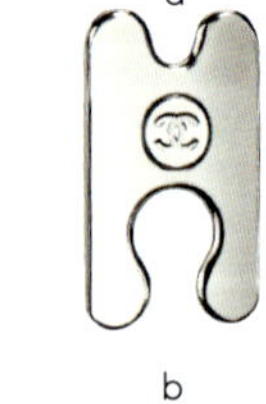

a 香奈儿智慧紧肤按摩工具

人体工程学圆弧抛光面设计，适用在全脸不同部位如轮廓、两颊、眼周。

b 香奈儿智慧紧肤按摩霜

甜美细腻的乳霜温柔地裹住肌肤，浓郁的质地赋予奶油般的丰润触感。

c L'OCCITANE 欧舒丹蜡菊赋颜御龄精华油

天然植物精华油成分帮助肌肤抵御老化，配合按摩手法，全脸使用。

d innisfree 悦诗风吟发酵豆弹力紧致颈霜

富含纯净济州岛发酵豆的弹力成分，帮助打造紧致、有活力肌肤的高营养颈部专用霜。

Step.11

防晒保护

四季都一定要涂抹防晒霜！即使是阴天，也要涂抹防晒产品来抵御无孔不入的紫外线侵袭。

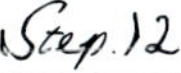

隔离润色

用隔离乳来隔绝底妆对肌肤造成的负担，针对自己的肤色选用不同的隔离来改善肌肤的状态。

a

b

c

a innisfree 悦诗风吟莹润调色气垫隔离霜

水润保湿 + 肤色调整 + 隔离效果，打造天生般透润光采肌肤的彩色气垫隔离霜。

b innisfree 悦诗风吟自然关爱美白防晒霜

不黏腻，柔滑贴合于肌肤，使肌肤散发光泽的美白功效性防晒霜。

c innisfree 悦诗风吟空气感清透贴合修容乳

如同空气般轻薄易推开的 air fit，轻松打造自然裸妆。

夜间护理，让保养效果加倍！

睡前做一次完整的肌肤护理，是对忙碌了一整天的自己最好的犒慰。

Step.1

眼唇卸妆

眼唇专用的卸妆产品配方温和，卸妆力强，不仅不会刺激到柔嫩的眼唇肌肤，更可以彻底清洁掉难卸的彩妆。用棉片浸润卸妆液后，先在眼唇上湿敷3秒钟，再轻轻擦拭掉彩妆。

面部卸妆

可按自己的喜好来选择不同质地的卸妆产品。用双手轻轻按摩的方式来卸除底妆后，再以温水洗净。

a

b

c

Dermaclear
Micro Water
Dr.Jart+

a innisfree 悦诗风吟都市净化清颜卸妆水
拥有微粒子结构，能将细小的微尘清洁干净并可轻松卸除彩妆的卸妆水。

b innisfree 悦诗风吟青苹果凝萃眼唇专用卸妆水
水油层充分混合后干净卸除眼唇部彩妆的卸妆水。

c Dr.Jart+ 蒂佳婷德玛珂微晶卸妆水
不仅可以卸除难卸的眼唇彩妆及肉眼不可见的污垢，更可以细致清洁毛孔与肌肤纹理。

从卸妆洁面开始，到精华面膜收尾，利用睡眠时间让护肤效果加倍！

Step.3

全脸清洁

卸掉妆容后，用洗面乳为肌肤做一次深层清洁，绵密的泡沫能够吸附掉毛孔里剩余的污垢和油脂。

Step.4

角质护理

定期的角质护理也是必不可少的，多余的肥厚角质会让肤色看起来暗沉发黄。而鼻翼、下巴等部位都是老废角质容易堆积的部位。

a Dior 净肤轻柔磨砂膏

当与水接触，胶状质地细致温和地去除肌肤角质，使肌肤细致再生，深层洁净。

b innisfree 悦诗风吟都市净化清颜微泡沫洁面摩丝

绵密细微的泡沫可以将比毛孔还细微的微尘清洗干净。

c innisfree 悦诗风吟济州岛火山岩泥毛孔调理水

用济州岛火山岩泥将毛孔中堵塞的污垢及油脂一次清除的每日毛孔清洁调理水。

Step.5

深层保湿

用化妆水浸润的棉片做二次清洁，将精华水涂抹在全脸后，用指腹轻轻拍打，帮助产品更快渗透进肌肤。

Step.6

眼部呵护

将眼霜涂抹在上下眼皮后，用双指将眼周肌肤向上提拉按摩。利用睡眠时间，让眼周肌肤得到最有效的改善和修护。

a

b

c

a innisfree 悦诗风吟济州石榴活妍焕采眼部密集精华露

含有济州岛鲜榨石榴的有效成分，帮助恢复健康肌肤，塑造年轻活力肌肤的眼部精华露。

b 宠爱之名玻尿酸蓝铜胜肽保湿精华液

增生胶原蛋白，让肌肤饱满紧实，肌肤 24 小时保湿不间断！

c Omorovicza 皇后青春玫瑰露

可净化肌肤及减淡色斑，可提供长效的保湿作用，并恢复肌肤的柔软度。

Step.7

面膜加分

在全脸敷上面膜，可以根据喜好选择片状或乳霜状的面膜。敷脸 10 分钟后，用化妆棉擦拭掉多余的面膜。

Step.8

促进循环

做一次睡前按摩，由下巴开始，用手指关节向上提拉脸部肌肤，做 6 次，能够有效促进血液循环，改善面部下垂。

a innisfree 悦诗风吟迷你修护面膜 - 油菜花蜜［弹力提升］

油菜花蜜热能面膜，涂抹后可以提升肌肤温度、促进面部肌肤血液循环、帮助改善肤色、提升弹力。

b innisfree 悦诗风吟亲肤透润面膜 - 滋润

紧密贴合面部轮廓，将肌肤活性成分充分传递给肌肤的纤维素面膜。

c Dr.Jart+ 蒂佳婷水动力舒缓补水面膜

可令敏感、干燥的肌肤重现水润健康，修复肌肤保湿屏障。

a

b

c

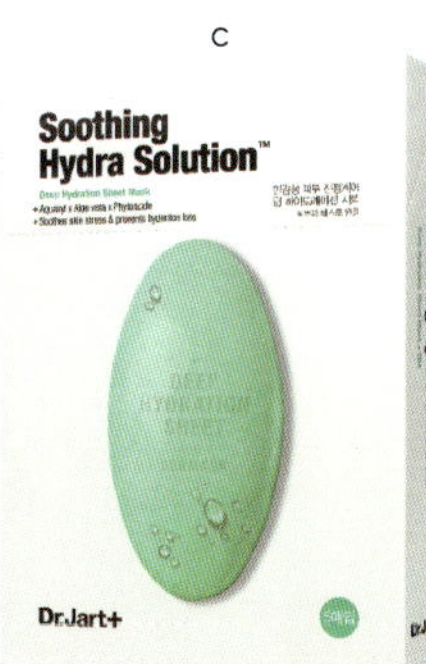

Step.9

3 分钟小脸

想要增强小脸效果的人可以尝试3分钟小脸操哦！分别以最大程度作出a o e i u的口型，帮助面部肌肉做运动。

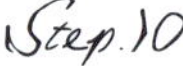

乳霜保养

全脸涂抹精华乳霜，用乳霜来封存住肌肤中的水分和营养。搓热掌心后，用手掌覆盖全脸，利用掌心温度帮助产品全面渗透。

a

b

c

a 娇韵诗 V 脸精华

甄选植物精萃，有效提拉紧致、纤紧轮廓、排出水分，重塑立体 V 轮廓。

b Dr.Jart+ 蒂佳婷锁水保湿营养霜

形成均匀而紧密的锁水网络，重建肌肤天然屏障，为肌肤长效保湿达 26 小时。

c innisfree 悦诗风吟济州岛寒兰密集面霜

给肌肤带来济州岛寒兰般的强韧生命力，具有皱纹改善 + 弹力提升 + 肤质改善 + 营养供给 + 毛孔护理的多效抗衰老面霜。

Step.11

全身护理

除了面部以外，不要忘记全身肌肤的护理哦！滋养感强烈的身体乳可以帮助改善干燥，舒缓过敏现象。

Step.12

安睡好眠

助眠喷雾或者香薰可以让你更快入睡，同时保证睡眠的质量。记住，好肌肤都是“睡”出来的哦！

a

b

a L'OCCITANE 欧舒丹草本菁萃舒润枕边喷雾

入睡前喷在枕边，便可帮助舒缓身心，释放压力，起到助眠的效果。

b innisfree 悦诗风吟山茶花菁华润体油霜

奶油般柔滑丰盈的质地，有效处理肌肤干燥问题。

好的肌肤是从护肤
保养开始的~

Toiletry bag · tools

吴忧老师私家美妆生活

吴忧老师**化妆包**大公开！

Part.1 ♥ 日常出门篇

你们是不是都有过这样的窘迫时刻：早上还好好的妆一到下午就成了大花脸，素颜出门没想到晚上被男神约了饭局……
在随身化妆包中放入这几样产品，包你时刻应对自如！

1_1 娇兰
金璨单色眼影

柔滑质地极易涂抹，干净持妆一整天。

1_2 植村秀
双色遮瑕盘

拥有一深一浅两种颜色的遮瑕膏，可以随意调和成与底妆相同的颜色，遮盖各种瑕疵效果棒棒哒！

1_3 植村秀
睫毛夹

睫毛夹的弯度能够贴合任何眼型，是随时保持睫毛卷翘的好帮手，还被评选为 2005 年度英国最佳美容工具哦！

1_4 too cool for school
迪诺恐龙浓密纤长睫毛膏

伸缩刷头打造浓密纤长双效的睫毛，并且用温水即可轻松卸除。

1_5 Dior 迪奥
眉笔

既可以用来定型又能够画出粉状的妆效，还有非常易于上妆的笔尖设计，画眉初学者也可以一下子就上手。

1_6 纪梵希
高定香榭天鹅绒唇膏

每个女生化妆包里都需要的唇膏！随手就可以画出哑光雾面的唇妆效果，高级感的外壳设计就像时尚单品一样让人爱不释手。

1_7 innisfree 悦诗风吟
柑橘润唇膏（宏伊旗舰店限定产品）

滋润又有芳香！具有滋润不干燥特性的水果香润唇膏。

1_8 BOBBI BROWN
至盈呵护臻白两用粉饼

粉末细腻，最适合用来打造哑光质感的底妆。同时还拥有防紫外线系数，即使是冬季也不用害怕晒黑。

1_9 innisfree 悦诗风吟
矿物质纯安美颊蜜粉饼

含有 70% 矿物粉末，能够紧密贴合肌肤，防止粉尘飞散。持妆力超久，能够令妆容持续保持一整天的整洁状态。

1_10 innisfree 悦诗风吟
水感光透气垫粉凝霜

打造水光肌的秘密武器！轻轻拍打在脸部，丰盈的水润感让肌肤立刻充满水分。无论是化妆还是补妆都能使用。

Part.2 ♥ 派对篇

派对化妆包可以说是日常化妆包的进阶版哦！

收纳进的彩妆产品必须拥有体积小及方便使用 2 个特点，才可以让你在派对上始终保持闪耀！

1_1 JUNKO
EYELASH

簇状的睫毛可以用于贴在眼睛的不同部位，来增加浓密感。携带方便，是热爱假睫毛星人的必备品哦！

1_2 M.A.C
幻丽星辰细粉

干湿两用，干粉可以用作高光提亮，湿用则可以打造戏剧化的彩妆效果。

1_3 Dior 迪奥
凝脂星光亮妍粉底液

质地细腻，拥有丝绒般的好触感。可以平衡肤色，无论在什么灯光下，都能够让肤质呈现最佳状态。

1_4 innisfree 悦诗风吟
丝绒雾面唇膏

丝绒般的质地打造哑光唇妆效果，让双唇轻薄无负担。

1_5 纪梵希
幻影四宫格腮红

拥有四款不同颜色，无论是单色使用或者混合使用都能够打造出理想的腮红。比普通粉质更细腻的质地，涂抹在脸上不会有粉妆感。

1_6 Eye Love Magic
假睫毛

将黑色与棕色混合在一起的假睫毛，让眼妆看起来更自然迷人。眼部中央加重浓密感的款式，能够令瞳孔更有神哦！

1_7 innisfree 悦诗风吟
矿物质纯安四色眼影

不同却又能够互相混搭的四种色彩，一盒在手就可以变化出多种眼妆效果。易于上妆的质感，即使是新手也可以轻松驾驭。

1_8 innisfree 悦诗风吟
矿物质纯安美颊蜜粉饼

既可以单独使用，也可以作为打底色让后续上妆效果更佳。含有70% 的矿物质粉末能够紧密贴合肌肤，上妆一整天也可以维持干净的妆容状态。

1_9 benefit
大放睛采眼线笔

能够紧贴睫毛根部的平滑宽体笔头可以画出一笔到位的流畅眼线，凝胶质地使色泽保持饱满高真的效果。

1_10 BOBBI BROWN
烟熏魅睫睫毛膏

特别为烟熏眼妆设计的睫毛膏，浓黑的色彩最适合在派对时刻使用。反复叠加涂抹，可以画出如同假睫毛般浓密、深邃的睫毛。

Part.3 长途旅行篇

旅行时的化妆包，既要让护肤变得简单方便，又要面面俱到。
温和、防敏的产品可以应对旅途中的肌肤不适，一物多用的彩妆也是旅途中的好帮手。

1_1 Dr.Jart+ 蒂佳婷
水动力活力水润面膜

具有专利保湿配方，能够为肌肤注入充足的水分。超细的纤维材质，可以与面部充分贴合，让面膜中的成分均匀渗透到肌肤各处。

1_2 innisfree 悦诗风吟
滋养护理脚膜

为旅途中劳累的双脚做个简单 SPA 吧！沐浴后，套上脚膜，10~20 分钟后取下，轻轻按摩帮助双脚吸收完剩余的精华液。

1_3 innisfree 悦诗风吟
滋养护理眼膜

专门为眼部设计的眼贴膜，只要贴在眼下部位并轻轻按摩就能够滋润眼部，睡不饱也不用害怕黑眼圈啦！

1_4 L'OCCITANE 欧舒丹
焕亮洁面乳

与水混合后就可以产生丰富的泡沫，有效去除面部污垢和多余的油脂。温和植物配方，不会刺激肌肤。

1_5 雅漾
舒护活泉喷雾

方便随身携带，随时应付肌肤敏感问题！有任何不适的时候，用喷雾浸润化妆棉湿敷就能有效舒缓肌肤。

1_6 Dr.Jart+ 蒂佳婷
维生素焕颜亮白霜

基础护肤的最后一步使用素颜霜，帮助缩小毛孔、细腻肌肤。没有刺激成分，连敏感肌和孕妇都可以安心使用。

1_7 innisfree 悦诗风吟
精密洁面仪

比毛孔更小的微细刷毛，能深入毛孔深层清洁，轻柔无刺激地清洁肌肤死角！

1_8 innisfree 悦诗风吟
发酵豆焕活精华露

纯净济州岛青豆富含大量异黄酮素，可以改善肌肤，形成更加紧密和坚实的皮肤保护膜，提高肌肤对外界环境的抵抗力。

1_9 innisfree 悦诗风吟
青苹果凝萃卸妆洁面油

苹果的清香有消除紧张及舒缓压力的功效，在清洁肌肤的同时，也为你带来舒畅的心情。

1_10 innisfree 悦诗风吟
绿茶籽精萃水分菁露

2010 年被韩国《allure》杂志评为 NO.1 水分精华，是最受全韩国女生喜爱的保湿单品！无任何刺激配方，温和保护肌肤。

1_11 阿玛尼
绯霞亲肌修饰乳

非常易于推开，细腻的质地宛若奢华雪纺，为肌肤带来服帖和清透的妆感。

1_12 Calvin Klein
全日持久粉底液

能够长达 24 小时防御汗水、油脂和湿气的侵袭，让妆容时刻保持清透状态。细腻丝绒质地，可以用来打造哑光缎面妆感。

1_13 M.A.C
时尚唇膏

富含荷荷巴油，上妆的同时滋养唇部肌肤。醇香奶油味，让双唇变得更诱人！

1_14 innisfree 悦诗风吟
莹润调色气垫隔离霜

含有生绿茶水和绿茶籽油，在寒冷的冬季也可以保持肌肤的水润状态，并在肌肤表面形成保湿膜，让妆面更服帖。

工具大作战！正确的彩妆工具使用方法！

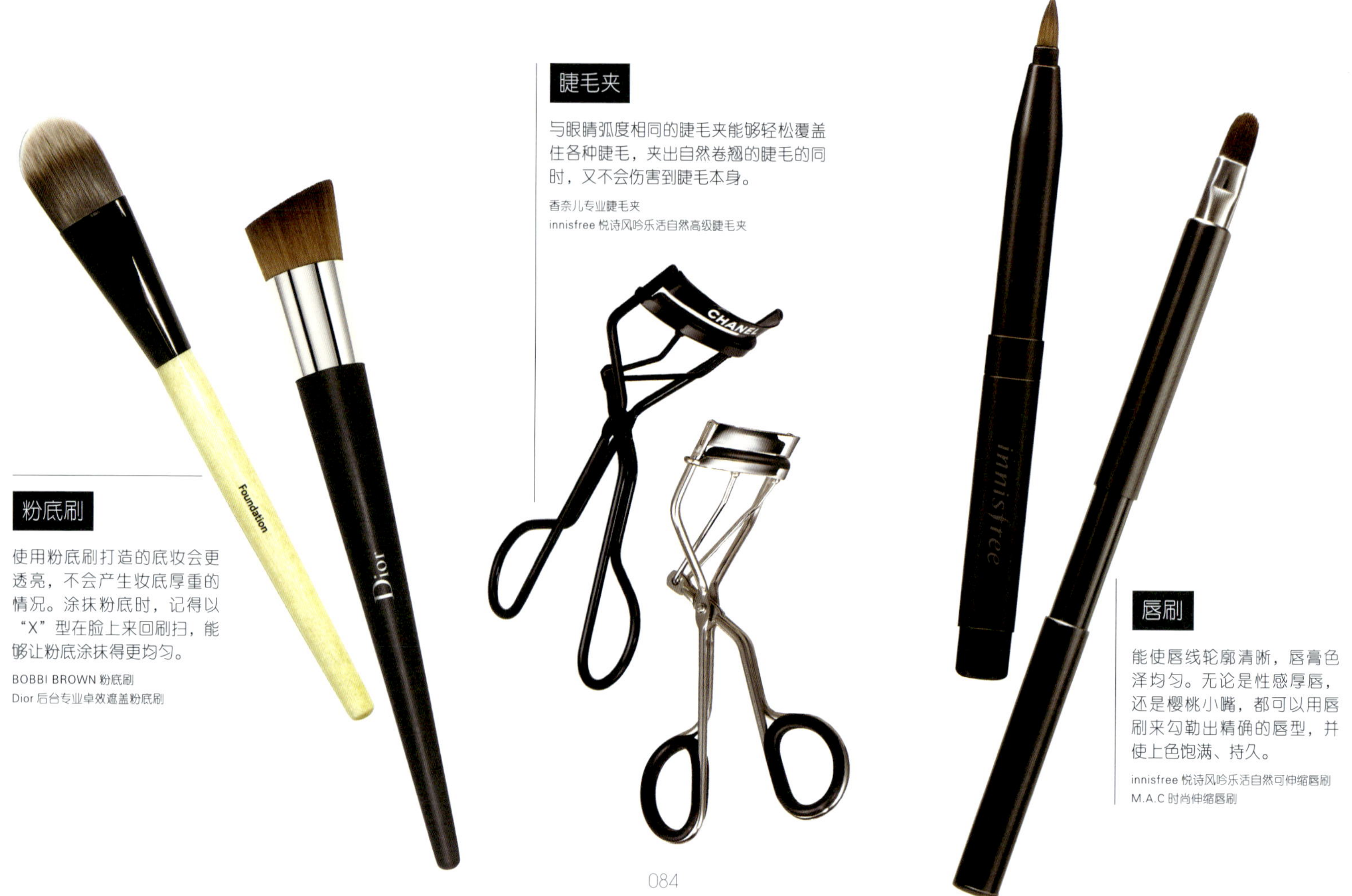

粉底刷

使用粉底刷打造的底妆会更透亮，不会产生妆底厚重的情况。涂抹粉底时，记得以“X”型在脸上来回刷扫，能够让粉底涂抹得更均匀。

BOBBI BROWN 粉底刷
Dior 后台专业卓效遮盖粉底刷

睫毛夹

与眼睛弧度相同的睫毛夹能够轻松覆盖住各种睫毛，夹出自然卷翘的睫毛的同时，又不会伤害到睫毛本身。

香奈儿专业睫毛夹
innisfree 悦诗风吟乐活自然高级睫毛夹

唇刷

能使唇线轮廓清晰，唇膏色泽均匀。无论是性感厚唇，还是樱桃小嘴，都可以用唇刷来勾勒出精确的唇型，并使上色饱满、持久。

innisfree 悦诗风吟乐活自然可伸缩唇刷
M.A.C 时尚伸缩唇刷

海绵粉扑

小巧的造型方便随身携带，质地紧实细腻，能够令妆容服帖。可以任意揉成需要的形状，来涂抹鼻翼等细小的角落。

innisfree 悦诗风吟乐活自然空气魔法粉扑
too cool for school 水滴粉扑

腮红刷

一把好的腮红刷可以使腮红扫得轻松又自然。大的圆头腮红刷可以打造出好看的晕染效果，让腮红显得自然而不突兀。

植村秀山羊毛蜜粉腮红刷

蜜粉刷

相较于蜜粉扑，蜜粉刷能够打造更柔和、自然的妆效。它既可以用来定妆，也可以用来刷去多余的蜜粉，使妆容更精致。

BOBBI BROWN 专业蜜粉刷
innisfree 悦诗风吟乐活自然圆头蜜粉刷

吴忧老师推荐的护肤品 list

把每一次护肤的过程都当做是对肌肤的宠爱吧！从清洁、水、乳液到精华护理，享受护肤品浸润肌肤时的温润触感。
跟着吴忧老师的爱用护肤品推荐 list，来寻觅你的专属呵护吧！

09: YSL

妍活青春
精华水

通过“角质调理”，
让角质层重新恢复
有规律的健康代谢状态。

10: innisfree

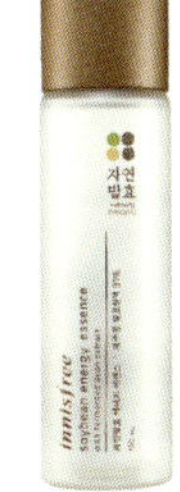

发酵豆
焕活精华露

打造富有弹性而又清净透明的
皮肤活性原液精华。

11: For Beloved One

熊果苷美白冻膜

阻隔黑色素生成，有效掌握美白关键的 72 小时。

12: innisfree

济州石榴活妍焕采润养多用霜

蕴含直接新鲜榨取的济州岛生石榴汁，让肌肤散发天然的光彩。

13: Guerlain

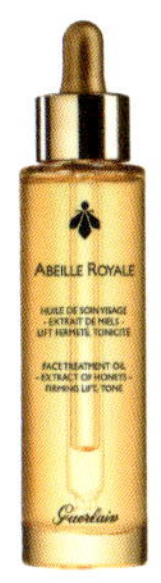

帝皇蜂姿
黄金复原蜜

来自纯净乌埃尚岛
纯种黑蜂蜂蜜，
从修复内部细胞开始
延缓衰老。

14: L'OCCITANE

焕亮水凝睡眠面膜

能在夜间密集修护肌肤暗斑，改善肌肤无暇度
和透亮度。

15: innisfree

火山岩泥黑头净溶按摩膏

利用济州岛火山岩泥吸附油脂的同时，
利用油份融化黑头并清洁肌肤。

16: CLARINS

清透润白淡斑
亮肤精华乳

从肌底改善肌肤通透度，
抑制色素沉着，挥别暗黄，
打造透亮美肌。

17: ESTEE LAUDER

肌初赋活
原生液

作用于肌肤内部的
微小细胞，
打造由内而外的
健康肤质。

18: innisfree

真萃鲜润面膜
－白茶
（水润亮采）

富含维持肌肤水分平衡
的清香白茶成分，
能够舒缓和调理肌肤。

19: ARMANI

黑钥匙修护眼霜

24 小时全天候眼霜，
能够有效改善眼周肌肤的状态。

20: innisfree

自然关爱
美白防晒霜

不黏腻，柔滑贴合于肌肤，
使肌肤散发光泽的
美白功效性防晒霜。

吴忧老师推荐的彩妆品 *list*

学习完妆面的打造方法和局部细节的小技巧后，接下来就是选择适合的彩妆产品啦！
底妆、腮红、唇膏、眼影、工具……看看吴忧老师的推荐 list 吧，以下彩妆都是吴忧的最爱哦！

01: innisfree

水感光透气垫粉凝霜

打造“水光肌”的必备法宝！无论是化妆还是补妆，都能够迅速打造出自然透亮的肤色。

02: ARMANI

漆光迷情唇釉

既有唇彩的漆光质感，又有唇膏的润泽感，还拥有超长的持妆力！

03: benefit

反孔精英脸部底霜

在妆前，用底霜来遮盖毛孔粗大的区域，轻盈无油的质地让毛孔无处遁形！

04: BOBBI BROWN

流云眼线膏

浓郁的色泽及柔软的质地非常易于上手，连初学者都可以画出流畅的眼线。

05: CHANEL

阳光之吻缎带腮红

丝绒般细腻清新的混合腮红，增添血色的同时令光泽度也 up!

06: Calvin Klein

轻盈透气粉饼

轻松打造出缎面的哑光妆感，并且能够长达 24 小时防御汗水、油脂。

07: innisfree

矿物质纯安四色眼影

4 款色彩可以分开使用，也能够混搭出鲜艳的色块，根据不同心情来描绘你的专属眼妆吧！

08: Dior

五色眼影

细腻丝滑的质地能够轻松在眼皮上晕染开，由浅至深使用可以叠加出深邃的眼妆效果。

09: GIVENCHY

高定香榭天鹅绒唇膏

集彩妆和配饰于一体的必备时髦单品，轻轻一抹就让妆容充满高级质感！

10: innisfree

莹润调色气垫隔离霜

水润保湿＋肤色调整＋隔离效果，立刻打造出baby般的细腻肌肤！

11: Glo&Ray

润颜幻彩粉底液

自然提亮肤色的同时，还具有强大的遮瑕效果，"零瑕疵"底妆就靠它！

12: M.A.C

假睫毛

如同自身睫毛般的触感，半截设计适用于眼角外侧，打造隐约的浓密效果。

13: innisfree

矿物质纯安美颊蜜粉饼

紧密贴合肌肤的矿物质粉末，持妆一整天也不会发生"花妆"的困扰哦！

14: innisfree

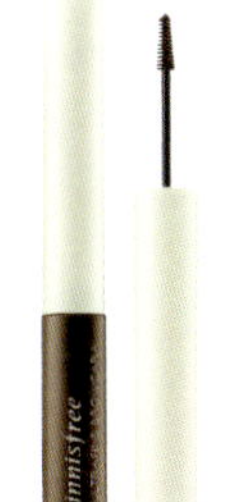

纤巧精密染眉膏

短小刷头、纤细刷毛，能把每一个眉毛从眉根至眉梢梳理整齐，打造立体感眉形。

15: YSL

明彩笔

轻轻一刷就可以提亮肌肤黯淡区域，是"暗沉疲惫肌"的救星。

16: innisfree

奇光炫彩唇釉

唇膏般的高显色加上唇彩般的晶亮，让双唇看起来丰盈亮泽。

17: FOR BELOVED ONE

亮白净致无瑕裸妆霜

不仅保有完美的裸妆质感，还能带来惊人的"刚刚敷完脸"妆效。

18: GUERLAIN

幻彩流星粉球（雪花限量版）

不仅可用于提亮面部，还能刷在肩部及胸口，打造若隐若现的亮泽感。

19: Shu Uemura

双色遮瑕盘

2种颜色调和使用，可以有效遮盖黑眼圈、暗沉不均及各种瑕疵。

20: innisfree

纤巧＆丰盈双头睫毛膏

同时拥有极纤细刷头，打造浓密睫毛的同时，也能刷出根根分明的睫毛。

我的12小时生活日记

WUYOU

am 8:00

出门前一定要让皮肤和发型都保持最佳状态。

这些都是吴忧最爱的美妆品哦！

am 9:00

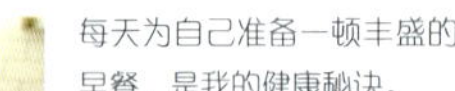

每天为自己准备一顿丰盛的早餐，是我的健康秘诀。

吃饭时我喜欢翻阅时尚杂志哦！

阅读和音乐能够让我放松心情。

am 10:00

每次拍摄都需要用到那么多彩妆品，没有想到吧！

这是我
平时的工作
状态哦！

pm 15:00

喜欢咖啡厅里靠近窗口的位置。

根据拍摄要求，设计出各种不同的妆容。

'S 12H

谢谢吴优老师的
妆前按摩，
妆容变得好服帖！

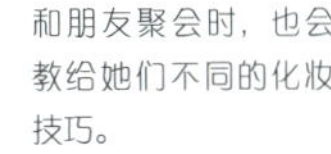

和朋友聚会时，也会教给她们不同的化妆技巧。

am 11:00

有没有你喜欢的唇色呢？

让每个女生
都变漂亮，是我
最享受的事！

am 8:00

新的一天开始喽！起床后习惯先沐浴洗头，让身心保持清爽愉悦的状态。

每天的护肤时刻对于我来说都是一种宠爱肌肤的仪式。

这些都是我日常在使用的护肤品噢！早晨护肤时，我喜欢成分温和，质地清爽的产品。

美白和保湿是一年四季都不能偷懒的护肤步骤噢！看看这里面有没有你也喜欢的产品？

为自己准备一顿丰盛的早餐。工作再忙碌，也一定要好好对待自己的胃，这才是健康的 life style。

am 9:00

今天的早餐 set 是三明治 + 蔬菜色拉，一杯热牛奶补充满满元气！

【吴忧老师的**家**大公开！】

在私人时间里，我很热爱家具布置，喜欢淘各种复古或造型独特的小东西来为生活增添情趣。

am 10:00

出门工作啦！去拍摄现场的路上我会翻阅喜欢的小说来打发时间。

am 11:00

到达拍摄现场，和编辑沟通完拍摄大纲后，
开始给今天的模特化妆。

这些都是今天要用到的彩妆品哦！
化妆造型对于我，就像画油画一样，
是一种灵感与色彩的碰撞。

这位是今天的模特，“百里挑一”的主持人伏玟晓。她是我多年的好友，非常感谢她能够抽空来为我的新书帮忙。

彩妆师离不开彩妆工具，完成一个妆面需要用到各种刷子。

拍摄工作结束后，去咖啡馆等待朋友。

与朋友见面谈心，聊聊工作和生活。有时候，还能教给她们一些化妆技巧。

我 喜 欢 的 innisfree green cafe，与品牌一样的清新感，除了好喝的饮品外，还能买到品牌的各类产品哦！

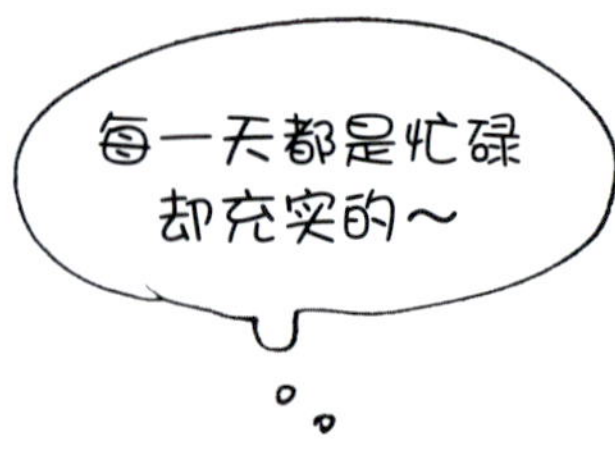
每一天都是忙碌
却充实的～

Try it

DIY 彩妆课堂

TODAY'S MAKE-UP:

DAY / /

□ EYE&EYEBROW 眼＆眉

□ CHEEK 腮红

□ SKIN&BASE 底妆

□ LIP 唇膏

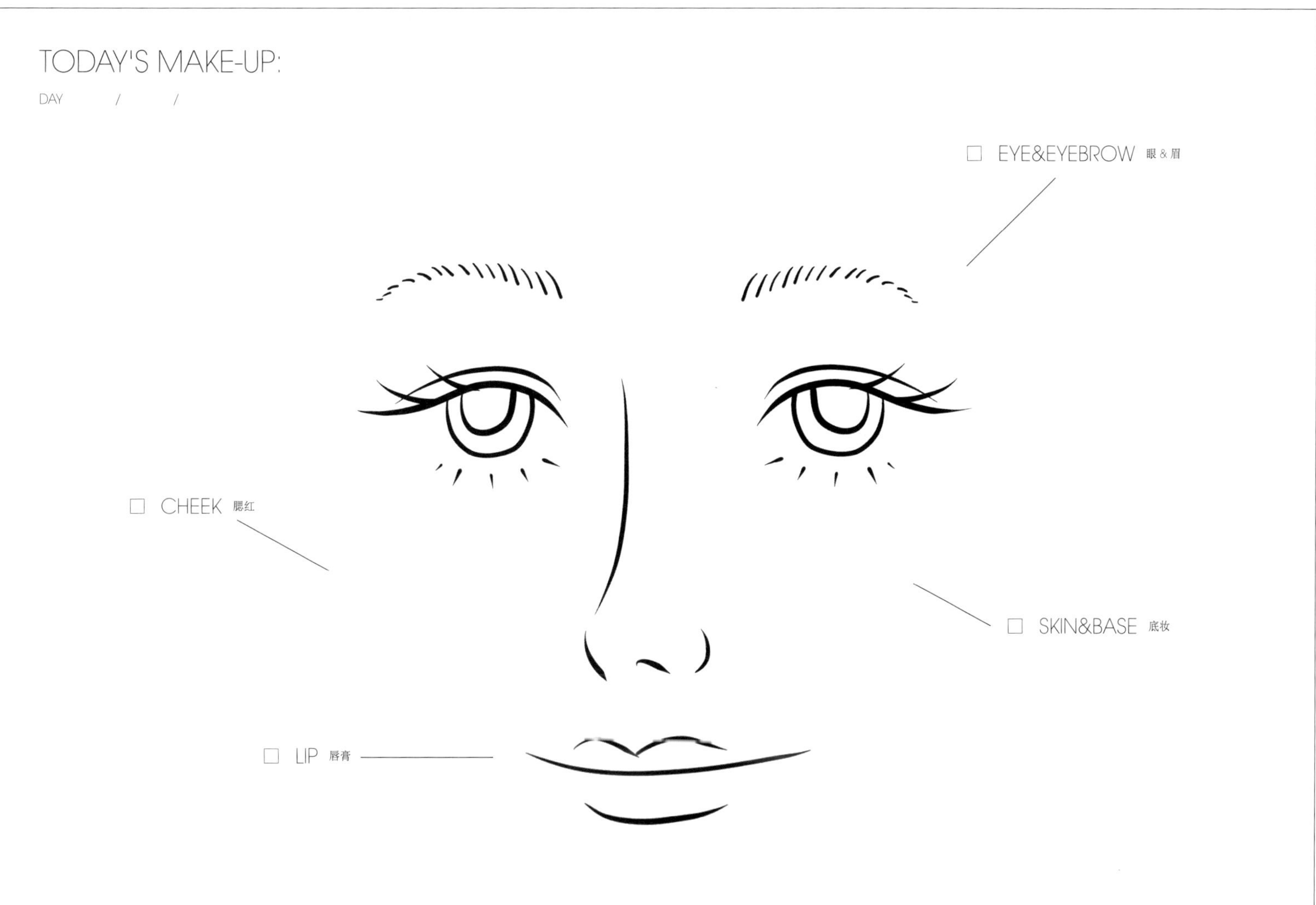
TODAY'S MAKE-UP:
DAY / /
☐ EYE&EYEBROW 眼&眉
☐ CHEEK 腮红
☐ SKIN&BASE 底妆
☐ LIP 唇膏

图书在版编目（CIP）数据

女神的新妆 / 吴忧著．—上海 ：上海社会科学院出版社，2016
ISBN 978-7-5520-1126-5
Ⅰ．①女… Ⅱ．①吴… Ⅲ．①女性-化妆-基本知识
Ⅳ．① TS974.1
中国版本图书馆 CIP 数据核字(2016)第 031747 号

女神的新妆

著　　者：吴　忧
责任编辑：林凡凡
特别策划：LIKA 李健萍
装帧设计：JOANNA
出版发行：上海社会科学院出版社
　　　　　上海淮海中路 622 弄 7 号　电话：63875741　邮编：200020
　　　　　http://www.sassp.org.cn　E-mail:sassp@sass.org.cn
印　　刷：上海丽佳制版印刷有限公司
开　　本：787×1092 毫米　1/16 开
印　　张：8.75
字　　数：26 千字
版　　次：2016 年 4 月第 1 版　2016 年 4 月第 1 次印刷

ISBN 978-7-5520-1126-5/TS.005　　定价：48.00 元